CAXA 制造工程师

2016项目案例教程

CAXA ZHIZAO GONGCHENGSHI
2016 XIANGMU ANLI JIAOCHENG

刘玉春　主编 ●
张　毅　主审 ●

U0229031

化学工业出版社
·北京·

本书共7个项目，48个任务，主要内容包括 CAXA 制造工程师 2016 软件的线框模型、几何变换、曲面造型、曲面编辑、实体造型、数控铣削编程与仿真、多轴加工与仿真、图像加工与仿真等。在讲述过程中，从初学者的角度出发，强调实用性、可操作性。各项目均配有思考与练习题和实训题，以便读者将所学知识融会贯通。通过这些项目任务的学习，读者不但可以轻松掌握 CAXA 制造工程师 2016 的基本知识和应用方法，而且能熟练掌握数控自动编程的方法。本书有五个综合训练，可供读者巩固练习。

本书有配套的电子教案及习题答案，可在化学工业出版社的官方网站上下载。

本书可作为本科、高职高专院校机械、数控、机电工程、工业设计等相关专业机械制造与加工课程的教材，也可作为成人高校以及技师学院、中等职业技术学校等数控加工技术应用、CAD/CAM 技术应用和模具设计与制造等专业的教材。同时可作为数控专业的技能鉴定或数控大赛参考用书，可供广大 CAD/CAM 软件爱好者自学使用。

图书在版编目（CIP）数据

CAXA 制造工程师 2016 项目案例教程/刘玉春主编.
—北京：化学工业出版社，2018.11（2025.2重印）
ISBN 978-7-122-32903-5

Ⅰ.①C… Ⅱ.①刘… Ⅲ.①自动绘图-软件包-教材
Ⅳ.①TP391.72

中国版本图书馆 CIP 数据核字（2018）第 196037 号

责任编辑：高　钰　　　　　　　　　　文字编辑：陈　喆
责任校对：边　涛　　　　　　　　　　装帧设计：刘丽华

出版发行：化学工业出版社（北京市东城区青年湖南街 13 号　邮政编码 100011）
印　　装：北京天宇星印刷厂
787mm×1092mm　1/16　印张16　字数 392 千字　2025 年 2 月北京第 1 版第 8 次印刷

购书咨询：010-64518888　　　售后服务：010-64518899
网　　址：http://www.cip.com.cn
凡购买本书，如有缺损质量问题，本社销售中心负责调换。

定　　价：48.00 元　　　　　　　　　　　　　　　　版权所有　违者必究

前　言

制造业信息化是现代制造业的关键，各类工科大学及高职高专院校机械制造、机电工程类各专业的教学改革与发展方向都围绕着制造业信息化这一主题进行。数控加工技术是典型的机电一体化技术。CAD/CAM 技术的推广和成熟应用，为数控加工技术带来了前所未有的全新的思维模式和解决方案，国内各类加工制造企业对先进制造技术及数控设备的应用日益普及，CAD/CAM 技术应用的水平也正在迅速地提高，这一切对高等院校提出了更高的要求。

进入新世纪，全球产业格局正在调整，全球制造业的重点正在向亚太、向中国转移，中国正在从"制造大国"向"制造强国"转变，我国企业的数控设备年年快速增长，零件加工精度和质量要求越来越高，这就需要大量掌握现代 CAD/CAM 技术的技工和技师，职业技能培训工作变得尤其重要，因此，开发既能适合企业对高技能人才的需求，又能结合当前各类院校实际教学条件的 CAD/CAM 软件方面的课程教材成为当务之急。本书以"数控加工技术专业技能型紧缺人才培养"的需求为导向，以实际生产应用的零件为主要实例来源，全面详细介绍了国产的 CAD/CAM 软件——CAXA 制造工程师 2016 软件 CAD/CAM 各功能的作用、造型与操作方法、注意事项及技巧。

在国内制造业的数控加工车间，实施数控加工任务的主要有工艺员（编程员）和操作工，前者负责制定加工工艺、编制加工程序，后者负责数控机床的操作，但在众多的中小企业，为了提高效率和降低成本，编程员和操作人员往往由一人担当，由此可以看出现代制造业需要的是高级技能复合型的数控加工技术的从业人员。对数控加工技术人才培养应强调"3D 设计、工艺、编程和操作"的集成统一，才能做到知识和技能、理论与实践的完美组合，更有利于提高大学生的就业竞争力，满足市场对数控加工技术技能型人才的需求。

制造业数控加工技术的特点与 CAD/CAM 集成软件的综合性密不可分，比如在航空航天、飞机或汽车制造的厂家，实际上都在使用公认的主流软件，但这些软件想学好或掌握起来颇费时日，经过国内数百所大专院校 10 多年的培训和制造业应用情况反馈表明，以具有 Windows 原创风格、全中文界面的 CAXA 制造工程师为代表的 CAXA 系列 CAD/CAM 软件易学实用，成本较低，完全能够满足对职业技能培训的特殊需求。该软件是劳动和社会保障部"数控工艺员"职业资格培训指定软件，也是全国数控技能大赛指定软件之一。

本书以企业柔性管理系统仿真岗位工作基础操作为根本，以数控铣工职业标准为依据，以铣削内容设计原型为工作任务，让学生全面掌握数控铣削编程与仿真、多轴加工与仿真、图像加工与仿真等数控铣床中级操作基础技术；本着"由易到难、由简到繁、再到综合应用"的原则，将全书分为 7 个项目，48 个实例任务及 500 多个操作图，文图搭配得当，贴近于计算机上的操作界面，步骤清晰明了，符合学生认知规律，便于学生上机实践。力求使读者在较短的时间内不仅能够掌握较强的三维造型方法和数控自动编程技巧，而且能够真正领悟到 CAXA 制造工程师 2016 软件应用的精髓,并在每一项目任务后都配有练习题和项目实训,供读者在学完本项目后复习巩固和自我检测。

本书的内容已制作成用于多媒体教学的 PPT 课件,并将免费提供给采用本书作为教材的院校使用。如有需要,请发电子邮件至 cipedu@163.com 获取,或登录 www.cipedu.com.cn 免费下载。

本书由刘玉春担任主编,甘肃畜牧工程职业技术学院张毅教授担任主审。具体编写分工为:甘肃畜牧工程职业技术学院邱晓庆编写项目一和项目二,南京交通技师学院于磊磊编写项目三,江苏省海门中等专业学校纪红兵编写项目四,广东海悟科技有限公司刘海涛编写项目五,甘肃畜牧工程职业技术学院刘玉春编写项目六和综合训练,甘肃有色冶金职业技术学院程辉编写项目七。

由于编者水平有限,加之 CAD/CAM 技术发展迅速,书中疏漏和不足之处恳请广大同仁和读者不吝批评指正。

编 者
2018 年 8 月

目 录

项目一

构造线框模型

CAXA 制造工程师软件为"草图"或"线架"的绘制提供了多项功能，如直线、圆弧、圆、椭圆、样条、点、公式曲线、多边形、二次曲线、等距线、曲线投影、相关线和曲线编辑等。CAXA 制造工程师线架造型方法是学习 CAXA 制造工程师的重要基础，本项目通过典型工作任务的学习，达到使读者快速掌握并熟练运用线架造型的方法绘制简单平面图和线框立体图的目的。

【技能目标】
- 掌握用空间点和空间曲线来描述零件轮廓形状的造型方法。
- 掌握功能图标操作方法，提高作图效率。
- 掌握绘制简单二维平面图形和三维线框立体图的方法。
- 掌握平面图形编辑方法。

任务一 CAXA 制造工程师 2016 基本操作

一、任务导入

软件操作界面是每个操作者每时每刻都要面对的，熟悉界面上各部分的含义和作用是必须的。本任务通过绘制简单立体图形来了解 CAXA 制造工程师的基本操作方法。

二、任务分析

界面是交互式 CAD/CAM 软件与用户进行信息交流的中介。CAXA 制造工程师的用户界面，和其他 Windows 风格的软件一样，各种应用功能通过菜单和 Ribbon（功能区）驱动；状态栏指导用户进行操作并提示当前状态和所处位置；特征/轨迹树记录了历史操作和相互关系；绘图区显示各种功能操作的结果；同时，绘图区和特征/轨迹树为用户提供了数据的交互的功能。制造工程师功能区中每一个按钮都对应一个菜单命令，单击按钮和单击菜单命令是完全一样，如图 1-1 所示。

1. 绘图区

（1）绘图区是进行绘图设计的工作区域，位于屏幕的中心。

（2）在绘图区的中央设置了一个三维直角坐标系。该坐标系称为世界坐标系。它的坐标原点为（0.0000，0.0000，0.0000）。

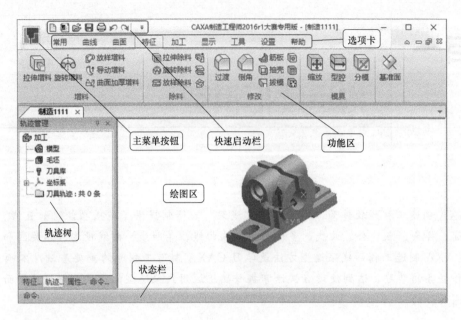

图 1-1　CAXA 制造工程师操作界面

2．主菜单

（1）单击主菜单按钮，在界面最左上方弹出主菜单，单击主菜单中的每一个菜单项都会弹出其子菜单。

（2）主菜单与子菜单构成了右拉式菜单。

3．立即菜单

立即菜单描述了该项命令执行的各种情况和使用条件。

4．快捷菜单

光标处于不同的位置，右击会弹出不同的快捷菜单。

5．对话框

某些菜单选项要求用户以对话的形式予以回答，单击这些菜单时，系统会弹出一个对话框。用户可根据当前操作做出响应。

6．选项卡和 Ribbon（功能区）

界面上的选项卡包括：常用、曲线、曲面、特征、显示、工具、设置和帮助。单击每一个选项卡，都可以打开其相对应的功能区查找相应的命令。

7．特征树

特征树记录了零件生成的操作步骤，用户可以直接在特征树中对零件特征进行编辑。

8．轨迹树

轨迹树记录了生成的刀具轨迹的刀具、几何、参数等信息，用户可以在轨迹树上编辑轨迹。

三、绘图步骤

（1）在"曲线"选项卡下，单击"直线"图标 → "两点线" → "连续" → "非正交"。

（2）按回车键 → 输入"起点坐标" $O(0,0,0)$ → 按回车键 → 输入"终点坐标" $A(120,0,$

0)→按回车键，得到长为 120mm 的 *OA* 直线。

（3）输入"终点坐标" *B*（120，80，0）→按回车键，得到 *AB* 直线。

（4）输入"终点坐标" *C*（@−120，0，0）→按回车键，得到 *BC* 直线。

（5）输入"终点坐标" *O*（@0，−80，0）→按回车键，得到 *CO* 直线。

（6）按 F9 键，将当前面切换为 *YOZ* 平面。

（7）输入"终点坐标" *F*（@0，0，100）→按回车键，得到 *OF* 直线。

（8）输入"终点坐标" *E*（@0，80，0）→按回车键，得到 *FE* 直线。

（9）输入"终点坐标" *C*（@0，0，−100）→按回车键，得到 *EC* 直线。

（10）按 F9 键，将当前面切换为 *XOZ* 平面。

（11）捕捉 *E* 点，输入"终点坐标" *D*（@120，0，0）→按回车键，得到 *ED* 直线。

（12）输入"终点坐标" *B*（@0，0，−100）→按回车键，得到 *DB* 直线→右击结束，结果如图 1-2 所示。

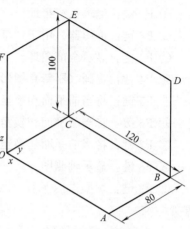

图 1-2 线框立体图

提示： 当需要使用工具点时，如果不希望每次都按空格键弹出"工具点"菜单，可以使用简略方式。即使用热键来切换到需要的点状态。热键就是点菜单中每种点前面的字母。本书中坐标之间要用英文逗号隔开，不能用中文逗号。

四、知识拓展

常用键含义如下：

1. 鼠标键

左键可以用来激活菜单、确定位置点、拾取元素等。右键用来确认拾取、结束操作和终止命令。鼠标左键可用来选择图素、确定点坐标、激活功能菜单。按动鼠标左键一次称为单击，对点、曲线、曲面和实体选择时的单击操作也称为拾取。鼠标右键可用来确认拾取、结束操作、终止命令、弹出快捷菜单。

2. 回车键和数值键

回车键和数值键在系统要求输入点时，可以激活一个坐标输入框，在输入框中可以输入坐标值。当屏幕左下角提示输入"点坐标"（如圆心、中点、起点、终点、肩点等）或者"半径"时，一般是先按回车键激活如图 1-3 所示的"数据输入框"，然后用数值键完成数据输入工作。如果数据以"@"号开头，表示使用"相对坐标"输入。

3. 空格键

（1）当系统要求输入点时，按空格键弹出"点工具"菜单，显示点的类型。

（2）有些操作中（如作扫描面）需要选择方向，这时按空格键，弹出"矢量工具"菜单。

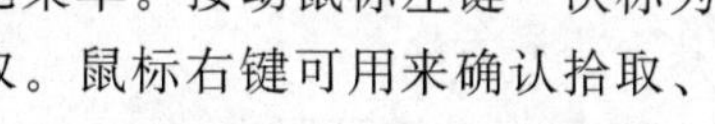

```
@100,80,0
```

图 1-3 数据输入框

（3）在有些操作（如进行曲线组合等）中，要拾取元素时，按空格键，可以进行拾取方式的选择。

（4）在"删除"等需要拾取多个元素时，按空格键则弹出"选择集拾取工具"菜单。

4. 功能热键

① F1 键：请求系统帮助。

② F2 键：草图器。用于"草图绘制"模式与"非绘制草图"模式的切换。

③ F3 键：显示全部图形。

④ F4 键：重画（刷新）图形。

⑤ F5 键：将当前平面切换至 XOY 面，同时将显示平面已设置为 XOY 面。

⑥ F6 键：将当前平面切换至 YOZ 面，同时将显示平面已设置为 YOZ 面。

⑦ F7 键：将当前平面切换至 XOZ 面，同时将显示平面已设置为 XOZ 面。

⑧ F8 键：显示轴测图。

⑨ F9 键：切换作图平面（XY、XZ、YZ），重复按 F9 键，可以在 3 个平面中相互转换。

⑩ 方向键：显示平移，可以使图形在屏幕上前后左右移动。

⑪ Shift＋方向键：显示旋转，使图形在屏幕上旋转显示。

⑫ Ctrl＋上键：显示放大。

⑬ Ctrl＋下键：显示缩小。

⑭ Shift＋左键：显示旋转，与 Shift＋方向键功能相同。

⑮ Shift＋右击：显示缩放。

⑯ Shift＋（单击＋右击）：显示平移，与方向键功能相同。

思考与练习

一、填空题

1. CAXA 制造工程师工具软件提供了（　　　　）、（　　　　）、（　　　　）三大类基本造型方法。

2. 鼠标左键可用来（　　　　　　　　　　）。按动鼠标左键一次称为单击，对点、曲线、曲面和实体选择时的单击操作也称为拾取。

3. Shift＋ ←、↑、→、↓ 或 Shift＋鼠标左键：显示（　　　）。

二、判断题

1. （　　　）CAD/CAM 技术的发展和应用水平已成为衡量一个国家科技现代化和工业现代化水平的重要标志之一。

2. （　　　）F5 键：将当前面切换至 XOY 平面。视图平面与 XOY 平面平行，把图形投影到 XOY 面内显示。

3. （　　　）当前工作坐标系是能够被删除的，任何时刻输入的点坐标或者光标移动时右下角的变动数值，都是针对当前工作坐标系的。

三、作图题

绘制如图 1-4 所示的三视图。

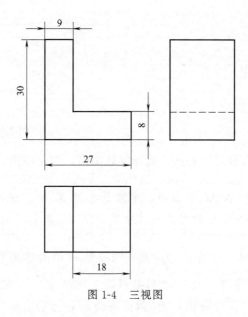

图 1-4 三视图

任务二 连杆轮廓曲线图的绘制

一、任务导入

绘制如图 1-5 所示的连杆平面图形。

二、任务分析

连杆平面图形主要由直线、圆和圆弧构成，上下图形一样，可用直线和圆命令绘制连杆下部，再用旋转命令旋转复制连杆上部。

三、绘图步骤

操作步骤如下：

（1）在"曲线"选项卡下，单击"整圆"图标 ⊕ →"圆心 _ 半径"，捕捉原点为圆心点，输入半径 20，完成 R20 圆，输入半径 10，完成 R10 圆。按 Enter 键，在弹出的数据条输入框中输入圆心点（100，0），输入半径值"15"，完成 R15 圆，输入半径 8，完成 R8 圆，如图 1-6 所示。

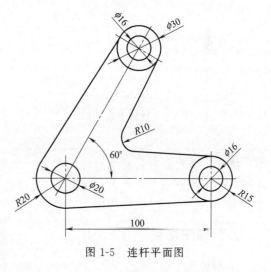

图 1-5 连杆平面图

（2）单击"直线"图标 ↘ →"两点线"→"连续"→"非正交"，按空格键→选择切点→捕捉两圆切点，得到切线，结果如图 1-7 所示。

（3）在"常用"选项卡下，单击"旋转"图标 → "拷贝"→输入拷贝份数 1→输入角度

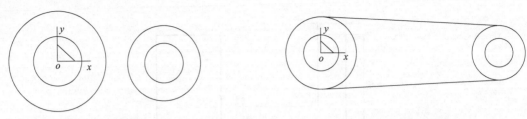

图1-6　绘制圆　　　　　　　　　　　　　　　　　图1-7　绘制切线

值60，捕捉$R20$圆原点为旋转中心点，选择旋转图形，右击结束，完成结果如图1-8所示。

> **提示：** 在XOY平面和XOZ平面中，角度是指与X轴正向的夹角。在YOZ平面中，角度是指与Y轴正向的夹角。逆时针方向为角度正值，顺时针方向为角度负值。

（4）在"常用"选项卡下，单击"剪裁"图标 ✂ →单击剪裁多余线→回车结束。

（5）在"曲线"选项卡下，单击"圆弧过渡"图标 ⌐ →"圆弧过渡"→输入"半径"10→输入"精度"0.01→"裁剪曲线1"→"裁剪曲线2"，分别拾取两条裁剪曲线→右击结束，结果如图1-9所示。

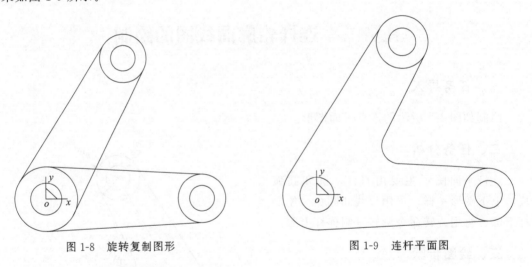

图1-8　旋转复制图形　　　　　　　　　　　　　图1-9　连杆平面图

> **提示：** 拾取点可以按空格键，利用"工具点"菜单选择点的类型。也可按回车键，进行绝对坐标或相对坐标的输入。可以按F8键进行轴测显示。

四、知识拓展

1. 圆弧线

圆弧是构成图形的基本要素。为了适应多种情况下的圆弧绘制，圆弧功能提供了6种方式：三点圆弧、圆心＿起点＿圆心角、圆心＿半径＿起终角、两点＿半径、起点＿终点＿圆心角和起点＿半径＿起终角。

① 三点圆弧。

给定三点画圆弧，其中第一点为圆弧起点，第二点决定圆弧的位置和方向，第三点为圆弧的终点。

② 圆心 _ 起点 _ 圆心角。

已知圆心、起点及圆心角或终点画圆弧。

③ 圆心 _ 半径 _ 起终角。

由圆心、半径和起终角画圆弧。

④ 两点 _ 半径。

给定两点及圆弧半径画圆弧。

⑤ 起点 _ 终点 _ 圆心角。

已知起点、终点和圆心角画圆弧。

⑥ 起点 _ 半径 _ 起终角。

由起点、半径和起终角画圆弧。

【操作】

① 单击主菜单"造型",指向下拉菜单"曲线生成",单击"圆弧",或直接单击按钮;出现绘制圆弧的立即菜单。

② 在立即菜单中选择画圆弧方式,并根据状态栏提示完成操作。

2. 整圆

整圆功能提供了 3 种方式:圆心 _ 半径、三点圆、两点 _ 半径。

① 圆心 _ 半径。是指按给定圆心坐标和半径生成整圆。

② 三点圆。是指按给定圆上任意 3 个不重合点坐标来生成整圆。

③ 两点 _ 半径。是指给定圆上任意两个不重合点的坐标及圆的半径生成整圆。

【操作】

可通过单击"整圆"图标⊕激活该功能,再单击"立即菜单"的下拉按钮▼,切换到不同的整圆绘制方式。

3. 经验总结

(1) 对于一些概念性的基础知识,应结合上机操作领会其中的含义,以便于快速记忆。

(2) 对于一些基本操作,应多上机演练。此时,要特别关注"命令行"的提示,因为它是人机交互的关键所在,尤其对于初学者,忽视它必将有碍于学习效率和能力的提高,即使在后面的操作实践中也要随时观察命令区的提示。

(3) 初学者在上机操作时,应以工具栏"图标"输入命令为主,并应时刻注意"命令行"给出的提示,可提高绘图效率。

(4) 充分利用缩放命令,对复杂的局部图形放大后,能更方便地进行绘制、编辑操作。

(5) 对于轴类零件,宜用"直线 _ 连续"方式,采用相对坐标输入法进行作图较为快捷;对于有对称结构零件,要注意使用镜像、阵列等命令进行作图。

(6) 在作图过程中,注意随时切换"正交""对象捕捉"、F9、F6、F7、F5 功能键等辅助工具,达到提高作图速度和质量的目的。

思考与练习

一、认知题

1. 将光标移动到每个图标处停留一下,借助软件系统给出的提示,熟悉图标代表的功能。

2. 熟悉主菜单及子菜单的内容。

3. 熟悉常用键的功能，重点观察按 F5、F6、F8 和 F9 键时坐标系显示上的变化及移动光标时右下角数值变动规律。

4. 创建一个工作坐标系，观察移动光标时右下角数值变化情况。切换当前工作坐标系，再观察右下角数值变化情况。

5. 在"图层管理"对话框中，增加名称分别为"线架""曲面""实体""加工轨迹"的新图层，颜色自定。

二、作图题

1. 绘制如图 1-10 所示的立体图形，厚度为 30mm。

2. 绘制如图 1-11 所示的平面图形。

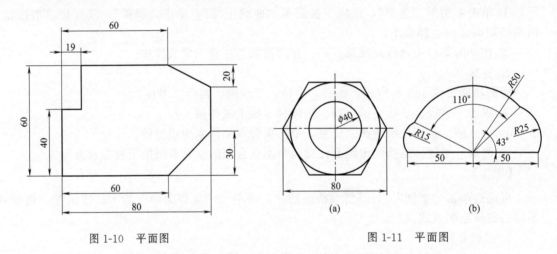

图 1-10　平面图　　　　　　　　　　图 1-11　平面图

任务三　椭圆花形绘制

一、任务导入

在 XOY 平面上绘制如图 1-12 所示长半轴 20、短半轴 42.5、中心坐标（0，42.5）的椭圆。

二、任务分析

任务中显示的是椭圆平面图形，要利用"椭圆"命令作图，注意"旋转角"顺时针为取负值，逆时针为正值。

三、绘图步骤

（1）按 F5 键。

（2）在"曲线"选项卡下，单击"椭圆"图标→输入中心坐标（0，42.5)→输入椭圆一轴长度坐标（20，0）→输入另一轴长度坐标（0，0），绘制了一个椭圆。

（3）在"常用"选项卡下，单击"平面旋转"图标→输入旋转角度－20→输入中心坐标（0，0）→单击左键拾取要旋转的椭圆→右击结束，复制了一个顺时针旋转20°的椭圆。

（4）同样的方法，单击"平面旋转"图标→输入旋转角度－20→输入中心坐标（0，0）→单击左键拾取要旋转的椭圆→右击结束，又复制了一个顺时针旋转20°的椭圆。

（5）其它椭圆作法类似。结果如图1-12所示。

四、知识拓展

1. 椭圆

椭圆生成只有一种方法，即输入长半轴长度、短半轴长度、旋转角度、起始角度和终止角度。

【操作】可通过单击"椭圆"图标激活该功能。

2. 点

点功能提供了两种方式：单个点和批量点。

① 单个点。是指通过输入点的坐标生成或通过"工具点菜单"捕捉出的点，如端点、交点、切点、中点、型值点（圆与 X、Y、Z 正负轴的交点）等。

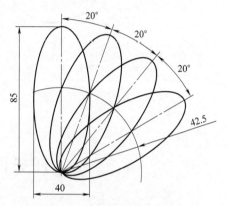

图1-12　椭圆平面尺寸图

② 批量点。是指一次生成多个点。批量点又分等分点、等距点和等角度点。等分点是指把曲线按照段数进行等分生成的点；等距点是指生成曲线上间隔为给定弧长的点。

【操作】可通过单击"点"图标✛激活该功能，再单击"立即菜单"的下拉按钮▼，切换到不同的点绘制方式。

思考与练习

一、填空题

1. 点的坐标输入有两种方式：（　　　　　　　　）和（　　　　　　　　）。

2. 图层具有（　　　　）、（　　　　）、（　　　　）等特征，利用图层对设计中的图形对象分类进行组织管理，可起到方便设计、图面清晰、防止误操作等作用。

3. （　　　　）键可以在三个平面之间进行切换，视向（　　　　）。

二、判断题

1. CAXA 制造工程师软件是一种 CAD/CAM 集成软件，具有自动编程、NC 代码自动校验和模拟加工的仿真功能。（　　）

2. 当进行创建新坐标系操作后，新创建的坐标系自动被系统默认为当前坐标系。（　　）

三、作图题

绘制如图1-13所示的平面图形。

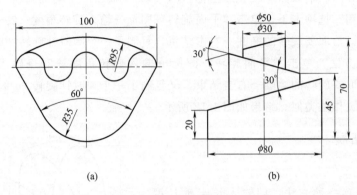

图 1-13　平面尺寸图

任务四　五角星绘制

一、任务导入

按图 1-14 所示尺寸绘制直径为 φ200mm、高度为 15mm 的立体五角星线框图形。

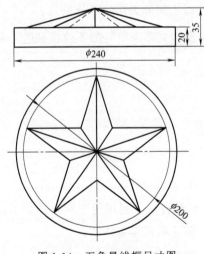

图 1-14　五角星线框尺寸图

二、任务分析

任务中显示的是五角星主视和俯视图形，要利用"正多边形""平移"等命令作图，注意"剪裁"命令的正确使用。

三、绘图步骤

（1）在"曲线"选项卡下，单击"圆"按钮 ⊕，进入空间曲线绘制状态，在特征树下方的"立即菜单"中选择作圆方式为"圆心点_半径"，然后按照提示用鼠标点取坐标系原点，也可以按 Enter 键，在弹出的对话框内输入圆心点的坐标（0，0，0），半径 $R=100$ 并确认，然后单击鼠标右键结束该圆的绘制。

（2）在"曲线"选项卡下，单击"多边形"按钮 ⊙，在特征树下方的"立即"菜单中选择"中心"定位，边数 5 条回车确认，内接。按照系统提示点取中心点，内接半径为 100。然后单击鼠标右键结束该五边形的绘制，结果如图 1-15 所示。

（3）在"曲线"选项卡下，使用直线 ✏ 按钮，在特征树下方的"立即"菜单中选择"两点线""连续""非正交"，将五角星的各个角点连接，如图 1-16 所示。

（4）使用"删除"工具将多余的线段删除，单击 ✏ 按钮，用鼠标直接点取多余的线段，

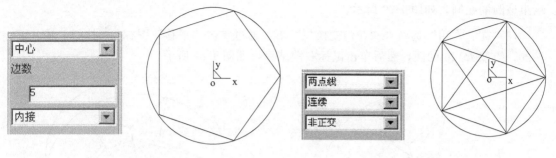

图 1-15 绘制五边形 　　　　　　　　　　　　　　图 1-16 绘制五角星

拾取的线段会变成红色，单击右键确认，如图 1-17 所示。

（5）单击线面编辑工具栏中"曲线裁剪"按钮 ✂，在特征树下方的"立即菜单"中选择"快速裁剪""正常裁剪"方式，用鼠标点取剩余的线段就可以实现曲线裁剪，如图 1-18 所示。

图 1-17 删除多余线 　　　　　　　　　　　　　　图 1-18 曲线裁剪

（6）在"曲线"选项卡下，使用"直线"按钮 ╱，在特征树下方的"立即菜单"中选择"两点线""连续""非正交"，用鼠标点取五角星的一个角点，然后单击回车，输入顶点坐标（0，0，15），同理，作五角星各个角点与顶点的连线，完成五角星的空间线架，如图 1-19 所示。

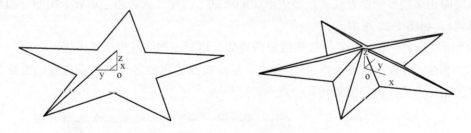

图 1-19 绘制五角星空间线架

（7）在"曲线"选项卡下，单击"圆"按钮 ⊕，进入空间曲线绘制状态，在特征树下方的"立即菜单"中选择作圆方式"圆心点_半径"，然后按照提示用鼠标点取坐标系原点，在弹出的对话框内输入圆心点的坐标（0，0，0），半径 $R=120$ 并确认，然后单击鼠标右键结束该圆的绘制，如图1-20所示。

（8）在"常用"选项卡"几何变换栏"下，通过单击"平移"图标 按钮，输入 $Z=$ -20，拾取 $R120$ 的圆，然后单击鼠标右键结束，如图1-21所示。

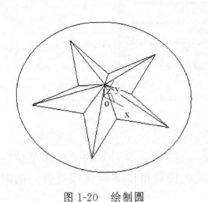 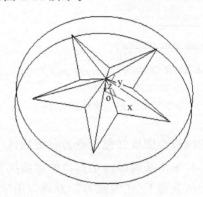

图1-20　绘制圆　　　　　　　　　　　　　　　图1-21　平移复制圆

四、知识拓展

1. 矩形

矩形功能提供了两种方式：两点矩；中心 _ 长 _ 宽。

两点矩形是指通过给定矩形的两个对角点坐标生成矩形；中心 _ 长 _ 宽是指通过给定矩形几何中心坐标和两条边的长度值生成矩形。

可通过单击"矩形"图标 激活该功能，再单击"立即菜单"的下拉按钮 ，切换到不同的矩形绘制方式。

2. 绘制正多边形

在给定点处绘制一个给定半径、给定边数的正多边形。其定位方式由菜单及操作提示给出。

可通过单击"正多边形"图标 激活该功能，再单击"立即菜单"的下拉按钮 ，切换到不同的正多边形绘制方式。正多边形功能提供了两种方式：边 _ 边数、中心 _ 边数 _ 内接（外切），如图1-22所示。

①"边 _ 边数"方式。是指按照给定的边数、边起点和终点生成正多边形。

②"中心 _ 边数 _ 内接（外切）"方式。是指按照给定的多边形中心位置、边数和与给定图形的相接方式（内接或外切）生成正多边形。

图1-22　正多边形立即菜单

思考与练习

一、填空题

1. 曲线剪裁共有（　　　　　）、（　　　　　）、（　　　　　）和（　　　　　）四种方式，其中，（　　　　　）和（　　　　　）具有延伸特性。

2. 在曲面剪裁功能中，可以选用各种元素来修理和裁剪曲面，以得到所需要的曲面形状。也可以通过（　　　　　）将被剪裁了的曲面恢复到原样。

3. 正多边形功能提供了（　　）方式和（　　）方式两种方式。

二、判断题

1. 新创建的坐标系可以删除。（　　）

2. 按 F6 键可将当前面切换至 XOY 平面。视图平面与 XOY 平面平行，把图形投影到 XOY 面内显示。（　　）

3. 在使用曲线裁剪线剪裁时，当在剪刀线与被剪线有两个以上交点时，系统约定取离剪刀线上拾取点较近的交点进行裁剪。（　　）

三、作图题

完成图 1-23 所示的图形（按 1∶1 绘制）。

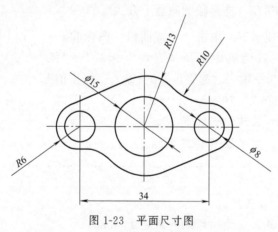

图 1-23　平面尺寸图

任务五　弹簧螺旋曲线绘制

一、任务导入

在 YOZ 平面上绘制半径 30、回转 12 圈、螺距等于 6 的三维螺旋曲线，参数设置如图 1-24 所示。

二、任务分析

任务中显示的是三维螺旋曲线，要利用"公式曲线"命令作图，注意"参变量"的取值

图 1-24　公式曲线参数设置

方法。

三、绘图步骤

（1）按 F5 键→按 F8 键（选择轴测图显示方式）。

（2）在"曲线"选项卡下，单击"公式曲线"图标 f(x)→在弹出的"公式曲线"对话框中选择"直角坐标系"→"弧度"→输入"参变量名"t→输入"起终值" 0→输入"终止值"－75.36→输入"X(t) 公式" 30 * cos(t)→输入"Y(t) 公式" 30 * sin(t)→输入"Z(t) 公式" 6 * t/6.28。

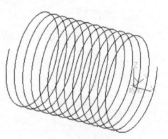

图 1-25　三维螺旋曲线

（3）拾取坐标原点，结果如图 1-25 所示。

提示：

（1）一整圈等于 6.28 弧度。

（2）螺距大小的计算公式为：螺距 * 参变量/6.28。

（3）公式中的" * "代表"乘号"，"/"代表"除号"。

四、知识拓展

公式曲线：公式曲线即是数学表达式的曲线图形，也就是根据数学公式（或参数表达式）绘制出相应的数学曲线，公式的给出既可以是直角坐标形式的，也可以是极坐标形式的。

【操作】

① 单击主菜单"造型"，指向下拉菜单"曲线生成"，单击"公式曲线"；或者直接单击"公式曲线"按钮，弹出"公式曲线"对话框。

② 选择坐标系，给出参数及参数方式，按"确定"按钮，给出公式曲线定位点，完成操作。

思考与练习

一、填空题

1. CAD/CAM 系统基本上是由 （　　　　）、（　　　　）及（　　　　　　）组成。

2. CAD/CAM 技术的发展方向是 （　　　　）、（　　　　）、（　　　　）等。

3. 方向键 ←、↑、→、↓ 显示（　　　　　　）。

4. 在 CAXA 制造工程师中，把曲面与曲面的交线、实体表面交线、边界线、参数线、法线、投射线和实体边界线等，均称为（　　　　）。

5. 直线功能包括（　　）、（　　）、（　　）、（　　）、（　　）、（　　）6 种方式。

二、判断题

1. "曲线投影"功能是实体造型中经常要用到的功能，它可以实现"架线"向"草图"的转换，用该功能可以实现线架造型和曲面造型向特征实体造型的转换。（　　）

2. 在 CAXA 制造工程师中，用户可以根据自己的习惯定义自己的快捷键。（　　）

3. 视图平面是指看图时使用的平面。作图平面是指绘制图形时使用的平面。（　　）

三、作图题

1. 在 XOY 平面上绘制半径 30、回转 20 圈、螺距等于 5 的三维螺旋曲线。

2. 绘制如图 1-26 所示的连杆平面图形。

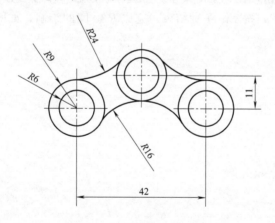

图 1-26　连杆平面尺寸图

任务六　文字曲线包裹圆柱面图形绘制

一、任务导入

根据图 1-27 所示，绘制文字曲线包裹圆柱的图，通过该图的练习，掌握线面包裹图绘制的方法与步骤。

图 1-27　文字曲线包裹图

二、任务分析

由图 1-27 所示的文字曲线包裹图可以看出，该图为圆柱体曲面上附着文字，所以作图首先作圆曲线和轴线，然后写文字，最后用线面包裹功能来完成文字曲线包裹圆柱的图。

三、绘图步骤

（1）双击桌面上的 CAXA 制造工程师 2016 快捷方式图标，启动 CAXA 制造工程师，显示"欢迎"对话框，单击"制造"，则新建一个空白的制造环境，在默认状态下，当前坐标平面为 XOY 平面，非草图状态。

（2）在非草图状态下绘制轴线。按 F9 键将坐标面切换到 YOZ 面上，在"曲线"选项卡下，单击曲线功能区"直线"按钮，在"立即菜单"中依次选择"两点线""单个""正交""长度方式"，并输入长度值"80"，按 Enter 键结束。捕捉坐标原点为第一点，向上移动鼠标，确认方向正确后单击鼠标，结束绘制直线操作，如图 1-28 所示。

（3）单击"圆"按钮，在"立即菜单"中选择"圆心_半径"方式，捕捉坐标原点为圆心点，输入半径值"30"，按 Enter 键结束，完成 R30 圆的绘制，如图 1-29 所示。

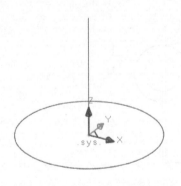

图 1-28　绘制直线和圆

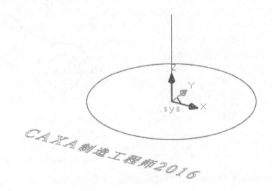

图 1-29　写字体曲线

（4）单击字体"A"按钮，弹出"文字输入"对话框，输入"CAXA 制造工程师 2016"文字，字体设置为 8mm，字体中心为（−50，−50，0），如图 1-30 所示。

（5）在曲线功能区单击"线面包裹"按钮。在弹出的"线面包裹"对话框中，如图 1-31 所示，通过输入或者拾取圆锥底面中心点和轴向，定义好圆锥形状（高度、锥角、底半径和顶半径）。然后拾取已经存在的用来包裹的文字曲线，并定义好拾取的曲线的基点（默认是原点）。这时候已经可以预览曲线包裹在圆锥面上的效果了，如图 1-32 所示。这时候可以通过调节圆锥面上的基点轴向偏移和角度偏移来调整包裹的位置，这里调为轴向偏移为15 和角度偏移为 0。最后按"确定"按钮结束，结果图 1-33 所示。

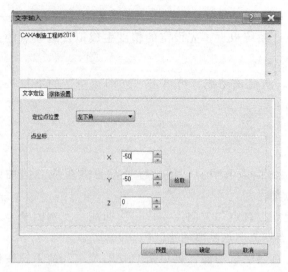

图 1-30　"文字输入"对话框　　　　图 1-31　"线面包裹"对话框

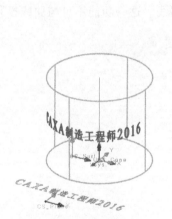

图 1-32　线面包裹预览图

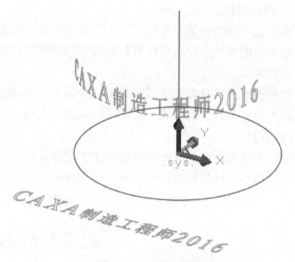

图 1-33　线面包裹图

【注意】

① 包裹曲线目前只支持 XY 平面内的曲线。

② 线面包裹是将曲线以包裹的形式附着到曲面上。首先绘制好要包裹的曲线（暂且不支持预拾取），然后打开"线面包裹"对话框。

（6）在曲面功能区单击"导动面"图标，选择"平行导动"，拾取圆柱轴线和轴向，拾取 $R30$ 圆，生成圆柱曲面，线面包裹效果如图 1-34 所示。

图 1-34　线面包裹效果图

四、知识拓展

1. 样条线

样条线功能提供了两种方式：插值方式和逼近方式。

① 插值方式。是指输入一系列的点，系统顺序通过这些点生成一条光滑的样条线。

② 逼近方式。是指顺序输入一系列点，系统根据事先设定的精度生成拟合这些点的光滑样条线。

【操作】可通过单击"样条线"图标 ∿ 激活该功能，再单击"立即菜单"的下拉按钮 ▼ ，切换到不同的样条线绘制方式。

2. 二次曲线

二次曲线功能提供定点和比例两种方式。

① 定点方式。是指给定起点、终点、方向点和肩点，用光标拖动方式生成二次曲线（提示：肩点是二次曲线上的点，而方向点却不是）。

② 比例方式。是指给定比例因子、起点、终点和方向点生成二次曲线。比例因子是二次曲线极小值点，是起点和终点连线的中点到方向点距离的比。

【操作】可通过单击"二次曲线"图标 ∩ 激活该功能，再单击"立即菜单"的下拉按钮 ▼ ，切换到不同的二次曲线绘制方式。

3. 曲线投影

指定一条曲线沿某一方向向一个实体的基准平面投影，得到曲线在该基准平面上的投影线。这个功能可以充分利用已有的曲线来作草图平面里的草图线。这一功能不可与曲线投影到曲面相混淆。

投影的前提：只有在草图状态下，才具有投影功能。

投影的对象：空间曲线、实体的边和曲面的边。

【注意】

（1）曲线投影功能只能在草图状态下使用。

（2）使用曲线投影功能时，可以使用窗口选择投影元素。

思考与练习

一、填空题

1. 标准视图有主视图、左视图、（   ）、（   ）、（   ）、（   ）。

2. 公式曲线是根据（   ）表达式或（   ）表达式所绘制的数学曲线。利用它可以方便地绘制出（   ）的样条曲线，以适应某些（   ）的设计。

3. 使用曲线组合把多条首尾相连的曲线组合成一条曲线，可得到两种结果。一种是（   ），这种表示要求首尾相连的曲线是（   ）。

4. （   ）键可以在 3 个平面之间进行切换，视向（   ）。

二、选择题

1. 在进行点输入操作时，当在弹出的数据输入框中输入",, -10"表示（   ）。

A. 输入点距当前点的相对坐标为 $x=10$，$y=10$，$z=10$

B. 输入点距当前点的相对坐标为 $x=0$，$y=0$，$z=10$

C. 输入点距当前点的相对坐标为 $x=0$，$y=0$，$z=-10$

2. sqrt（9）=（   ）。

A. 3   B. 9   C. 81

3. CAXA 制造工程师保存文件时系统默认的后缀名为（   ）。

A. *.mxe   B. *.epb   C. *.csn

三、作图题

绘制如图 1-35 所示的平面图形。

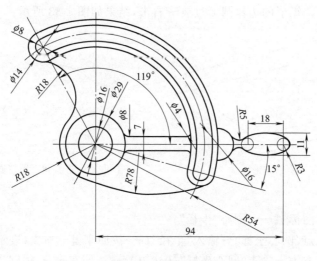

图 1-35 平面尺寸图

任务七 线框立体图绘制

一、任务导入

根据图 1-36 所示的三视图，绘制其线架立体图。通过该图的练习，初步掌握线架造型的方法与步骤。

二、任务分析

从图 1-36 可以看出，该模型由上下两个长方体叠加而成，中间空，四面开孔，形体较为复杂，完成本任务需要用矩形、圆、平移、曲线裁剪等命令，四个侧面作图要注意作图平面的切换。

三、造型步骤

（1）按 F5 键。

（2）在曲线选项卡下，单击"矩形"图标 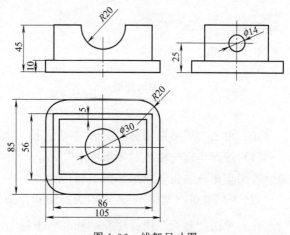 →"中心_长_宽"→输入"长度"

图 1-36 线架尺寸图

105→输入"宽度"85。

(3) 拾取坐标原点（矩形中心）→按 F8 键，按回车键→输入"矩形中心"坐标（0，0，10），按回车键→右击→按 F8 键，结果如图 1-37 所示。

(4) 单击"圆弧过渡"图标 ✏ →"圆弧过渡"→输入"半径"20→"裁剪曲线1"→"裁剪曲线2"。

(5) 分别拾取两个矩形的边作圆弧过渡→右击，结果如图 1-38 所示。

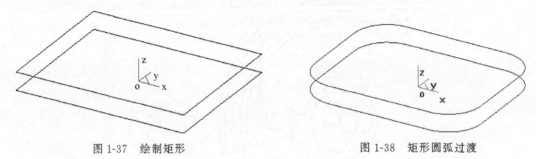

图 1-37 绘制矩形   图 1-38 矩形圆弧过渡

(6) 单击"整圆"图标 ⊕ →"圆心_半径"。

(7) 拾取坐标原点（圆心坐标）→输入"半径"15→按回车键→右击（表示下个圆的圆心坐标与上个不同）→按回车键→输入"圆心坐标"(0,0,10)→按回车键→输入"半径"15→按回车键→右击，结果如图 1-39 所示。

(8) 单击"矩形"图标 ▢ →"中心_长_宽"→输入"长度"86→输入"宽度"56。

(9) 按回车键→输入"矩形中心"（0，0，10）→按回车键→输入"矩形中心"（0，0，45）→按回车键→右击，结果如图 1-40 所示。

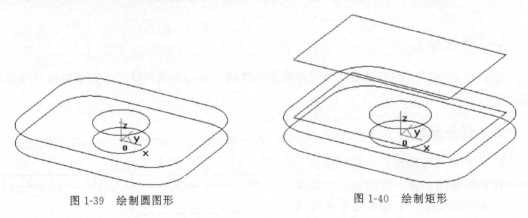

图 1-39 绘制圆图形   图 1-40 绘制矩形

(10) 单击"矩形"图标 ▢ →"中心_长_宽"输入"长度"76→输入"宽度"46。

(11) 按回车键→输入"矩形中心"（0，0，10）→按回车键→输入"矩形中心"（0，0，45）→按回车键→右击，结果如图 1-41 所示。

(12) 按 F9 键（选择 YOZ 平面为视图和作图平面），按 F8 键（轴测图显示）。

(13) 单击"整圆"图标 ⊕ →"圆心_半径"。

(14) 按回车键→输入"圆心坐标"（43，0，25）→按回车键→输入"半径"7→按回车键→右击→输入"圆心坐标"(38，0，25)→按回车键→输入"半径"7→按回车键→右击→输入"圆心坐标"→(−43，0，25)→按回车键→输入"半径"7→按回车键→右击→输入"圆心坐标"→(−38，0，25)→按回车键→输入"半径"7→按回车键→右击，结果如图1-42所示。

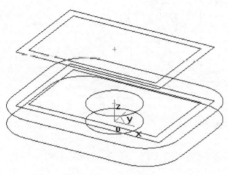

图1-41　绘制矩形

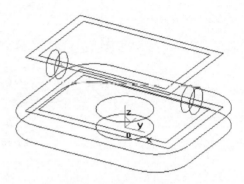

图1-42　绘制左右圆图形

(15) 按 F9 键→(选择 *XOZ* 为视图和作图平面)，按 F8 键。

(16) 单击"整圆"图标⊕→"圆心_半径"。

(17) 按回车键→输入"圆心坐标"(0，−28，45)→按回车键→输入"半径"20→按回车键→右击→输入"圆心坐标"(0，−23，45)→按回车键→输入"半径"20→按回车键→右击→输入"圆心坐标"(0，28，45)→按回车键→输入"半径"20→按回车键→右击→输入"圆心坐标"(0，23，45)→按回车键→输入"半径"20→按回车键→右击，结果如图1-43所示。

(18) 单击"曲线裁剪"图标✳→"快速裁剪"→"正常裁剪"。

(19) 按 PageUp 键，放大显示图形→移动光标键，使图形处于方便操作的位置→拾取被裁剪的圆或直线不需要保留的部分→右击→按 PageDown 键，结果如图1-44所示。

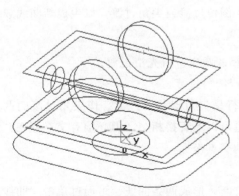

图1-43　绘制前后圆图形

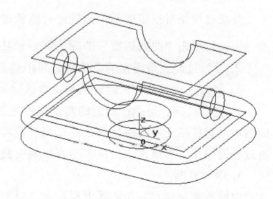

图1-44　曲线裁剪圆图形

(20) 单击"直线"图标╱→"两点线"→"单根"→"非正交"。

(21) 按空格键→"E端点"→对照图拾取各端点，依次绘出全部连线→右击结束，如图1-45所示。

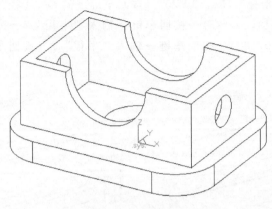

图 1-45　线框立体图

四、知识拓展

CAXA 制造工程师软件为曲线编辑提供了曲线裁剪、曲线过渡、曲线打断、曲线组合、曲线拉伸等功能。用户可以利用这些功能，方便快捷地编辑图形，从而提高造型速度。

1. 曲线裁剪

曲线裁剪是指用一给定的曲线做剪刀，裁掉另一曲线上不需要的部分，得到新的曲线。可通过单击"曲线裁剪"图标 激活该功能。

快速裁剪是指用鼠标拾取的部分被裁剪掉。分为正常裁剪和投影裁剪两种。

修剪是指用拾取一条或多条曲线作剪刀线对一系列被裁剪曲线进行裁剪，拾取的部分被裁掉。

线裁剪是指以一条曲线作剪刀线对其他曲线进行裁剪，拾取的部分留下。

点裁剪是指利用点作剪刀对曲线进行裁剪，拾取的部分将被留下。

2. 曲线过渡

曲线过渡是对指定的两条曲线进行圆弧过渡、倒角过渡或尖角过渡，以生成新曲线或尖点。可通过单击"曲线过渡"图标 激活该功能。

① 圆弧过渡。是指在两条曲线之间用给定半径的圆弧进行光滑过渡。

② 倒角过渡。是指对给定的两条直线之间进行倒角过渡。

③ 尖角过渡。是指在给定的两条曲线之间进行呈尖角形状的过渡。作尖角过渡的两条曲线可以直接相交，过渡后两条曲线相互裁剪；也可以不直接相交，但必须有交点存在，再通过查询操作，可快速求出两个不直接相交曲线的交点坐标。

3. 曲线打断

曲线打断是指在一条曲线上用指定点对曲线打断，形成两条曲线。可通过单击"曲线打断"图标 激活该功能。

4. 曲线组合

曲线组合是指把拾取到的多条相连接的曲线组合成一条样条线。分为保留原曲线和删除原曲线两种。可通过单击"曲线组合"图标 激活该功能。

思考与练习

一、填空题

1. 轨迹在绘制图形过程中，经常需要绘制辅助点以帮助曲线、特征、加工轨迹等（　　　　　）。

2. 在CAXA制造工程师，欲显示旋转，可使用（　　　　）或使用（　　　　）。

3. 曲线剪裁是指利用（　　　　　）对给定的曲线进行（　　　　　），剪裁掉曲线（　　　　）的部分，得到新的曲线。

二、选择题

1. 在进行点输入操作时，当在弹出的数据输入框中输入"10，10，－10"表示（　　）。

A. 输入点距当前点的相对坐标为 $x=10$，$y=10$，$z=10$

B. 输入点距当前点的相对坐标为 $x=10$，$y=10$，$z=-10$

C. 输入点距当前点的相对坐标为 $x=0$，$y=0$，$z=-10$

2. sqrt（81）＝（　　）。

A. 3　　　　　　B. 9　　　　　　C. 81

3. CAXA制造工程师布尔运算所需要的文件默认的后缀名为（　　）。

A. *.mxe　　　B. *.X_T　　　C. *.csn

三、作图题

1. 绘制如图 1-46 所示的平面图形。

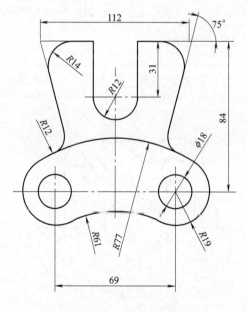

图 1-46　平面尺寸图

2. 根据轴测图（图 1-47）绘制其线架立体图，厚度为 10mm。

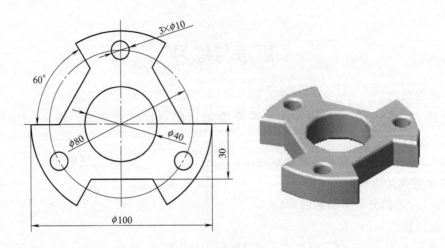

图 1-47 盘盖零件尺寸图

<hr />

项 目 小 结

通过本项目主要学习 CAXA 制造工程师的工作环境及设定、基本操作和常用工具，常见曲线的绘制和编辑方法，在曲面造型和实体造型中，创建和编辑曲线是最基本的，点、线的绘制，是线架造型、曲面造型和实体造型的基础，所以该部分内容应熟练掌握。在使用曲线编辑功能时，要注意利用空格键进行工具点的选择和使用，利用好这些功能键，可以大大地提高绘图效率。学习中应注意总结操作经验，不断提高曲线绘制和编辑能力。

项 目 实 训

1. 绘制如图 1-48 所示的二维图形。

提示： 用等距线绘制定位线，然后用圆 _ 两点半径方式作弧线，最后修剪完成。

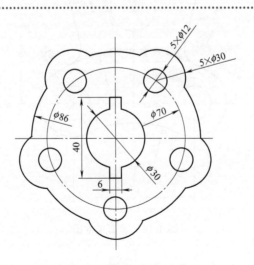

图 1-48 端盖零件尺寸图

2. 绘制如图 1-49 所示的三维图形。

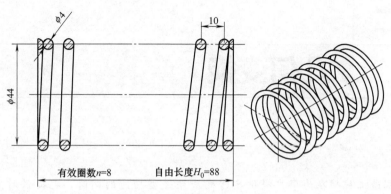

图 1-49　弹簧零件尺寸图

3. 按照如图 1-50 所示分别绘制鼠标的两个视图（二维图形）。图中顶边曲线是样条线，当底边直线与坐标系 X 轴线重合时，样条线上型值点坐标分别是（-70，90）、（-40，95）、（-20，100）和（30，85）。

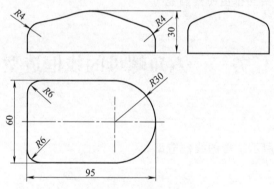

图 1-50　鼠标零件尺寸图

4. 绘制如图 1-51 所示的二维平面图形。

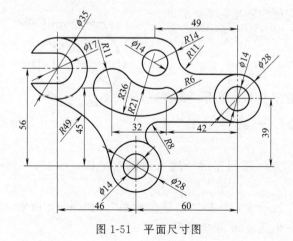

图 1-51　平面尺寸图

项目二

几何变换

CAXA 制造工程师在为用户提供丰富的线架造型功能的同时，也提供对点、曲线和曲面有效但对实体无效的平移、平面旋转、旋转、平面镜像、镜像、阵列、缩放等几何变换功能，进一步提高线架造型和曲面造型的速度，避免重复性劳动。

【技能目标】

· 掌握平移、旋转、镜像、阵列等几何变换操作方法。
· 灵活运用几何变换方法，简化作图，提高绘图效率。
· 培养平面图和线架立体图的绘制能力。

任务一 六角螺母的线框造型

一、任务导入

绘制如图 2-1 螺母所示螺母的线框造型。

二、任务分析

螺母为六边形，上下由双曲线围成，可用"正多边形""圆"等工具完成，但螺母有 6 个侧面，为作图方便，先创建新坐标系，作出一个侧面后通过"阵列"工具完成任务。

三、造型步骤

（1）在"曲线"选项卡下，单击"正多边形"图标 ⬡ →"中心"→输入"边数"6→"内接"。

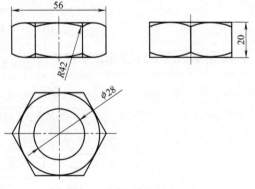

图 2-1 螺母零件尺寸图

（2）捕捉中心坐标点→按回车键→输入边起点坐标（−28，0）→回车结束，如图 2-2 所示。

（3）单击"工具"选项卡，选择"创建坐标系"，如图 2-3 所示，拾取六边形前面一边的中点为坐标系原点，创建 yyy 新坐标系。

（4）按 F7 键，单击"等距"图标 ⬐，向上等距 20mm，向上等距 22mm，作半径 $R42$

的圆，结果如图 2-4 所示，同理作下面 $R42$ 的圆，修剪后如图 2-5 所示。

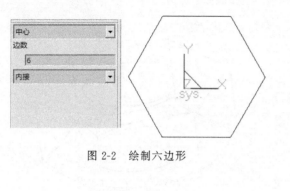

图 2-2 绘制六边形

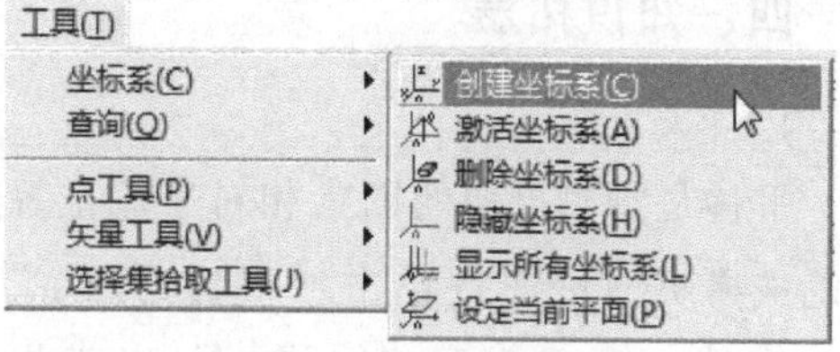

图 2-3 创建坐标系

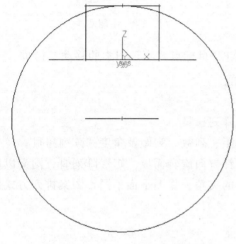

图 2-4 绘制六边形侧面圆

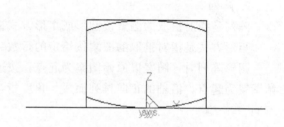

图 2-5 修剪后图形

（5）按 F8 键，单击"工具"菜单，选择"激活坐标系"，选择激活 sys 系统坐标系，如图 2-6 所示。

（6）在"常用"选项卡下，单击"阵列"图标 ，选择"圆形"阵列，单击坐标中心，拾取阵列对象，结果如图 2-7 所示。

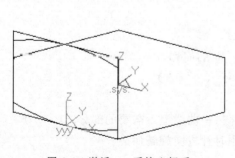

图 2-6 激活 sys 系统坐标系

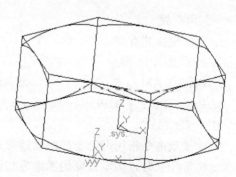

图 2-7 阵列图形

（7）单击"圆"图标 ，绘制直径为 28 的圆。单击"平移"图标 →"偏移量"→"拷贝"（复制）→输入"DX"0→输入"DY"0→输入"DZ"20，选择直径为28的圆，结果如图2-8所示。

四、知识拓展

1. 平移

平移是指对拾取的图素相对于原位置进行移动或拷贝。可通过单击"平移"图标激活该功能。该功能有"偏移量"方式和"两点"方式。

① "偏移量"方式。是指给出在X、Y、Z 3个坐标轴上的相对移动量，实现图素的移动或拷贝。

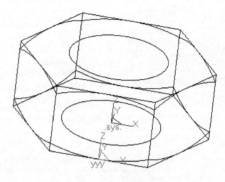

图2-8 绘制圆

② "两点"方式。是指给定要平移的元素的基点和目标点，实现图素的移动或拷贝。

【操作】可通过单击"平移"图标激活该功能。

2. 阵列

阵列是指对拾取的图素按圆形或矩形方式进行阵列拷贝。

矩形方式是指对拾取的图素按给定的行数、行距、列数、列距及角度的阵列拷贝。

圆形阵列时，图案以原始图案为起点，按逆时针方向旋转而成。矩形阵列时，图案以原始图案为起点，沿轴的正向排列而成。角度指与轴的夹角。作图平面不同，图案排列方式也不同。

【操作】可通过单击"阵列"图标激活该功能。

① 单击"造型"，指向下拉菜单"几何变换"，单击"阵列"，或者直接单击按钮。

② 在"立即菜单"中选择方式，并根据需要输入参数值。

③ 拾取阵列元素，按右键确认，阵列完成。

思考与练习

一、填空题

1. 几何变换共有（　　　　）、（　　　　）、（　　　　）、（　　　　）、（　　　　）、（　　　　）、（　　　　）方式。

2. CAD/CAM 就是（　　　　）和（　　　　）的简称。

3. PageUP、PageUPDown 或 Ctrl＋方向键显示（　　　　）。

二、判断题

1. 曲线裁剪是指用一给定的曲线做剪刀，裁掉另一曲线上不需要的部分。（　　　）

2. 圆形阵列时，图案以原始图案为起点，按顺时针方向旋转而成。（　　　）

三、作图题

1. 绘制如图2-9所示的平面图形。

2. 绘制如图2-10所示的线架造型。

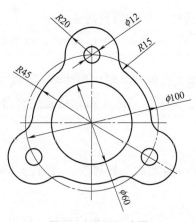

图 2-9　平面尺寸图

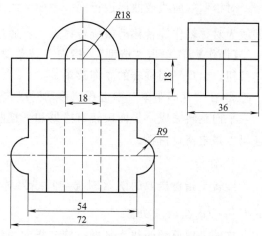

图 2-10　线架造型尺寸图

任务二　花瓶平面图形绘制

一、任务导入

对如图 2-11 所示的样条线，作围绕 X 轴、份数 1、角度 180°的旋转拷贝。

二、任务分析

花瓶平面图形较简单，上下对称，可用"旋转"工具拷贝完成。

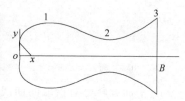

图 2-11　花瓶平面图

三、造型步骤

（1）按 F5 键。

（2）在曲线选项卡下，单击"直线"图标 ⁄ →"两点线"→"单根"→"正交"。

（3）拾取坐标原点→沿 X 轴方向任一点处单击，生成一条 OB 直线，如图 2-11 所示。

（4）单击"样条线"图标 ∿ →"插值"→"缺省切矢"→"开曲线"。

（5）按回车键→输入"点坐标"（0，0）→按回车键→按回车键→输入"点坐标"（19，16）→回车键→输入"点坐标"（42，8）→按回车键→输入"点坐标"（68，18）→按回车键→右击结束，结果如图 2-11 所示。

（6）在"常用"选项卡"几何变换栏"下，单击"旋转"图标 ⤾ →"拷贝"→输入拷贝份数 1→输入角度值 180。

（7）拾取直线一个端点 O→拾取直线另一个端点 B→拾取样条线 O123→右击结束，结果如图 2-11 所示。

四、知识拓展

1. 平面旋转

对拾取的曲线或曲面进行同一平面上的旋转或旋转拷贝。旋转是指对拾取的图素围绕空间线为对称轴作旋转移动或旋转拷贝。可通过单击"旋转"图标 激活该功能。

【操作】① 单击"造型",指向下拉菜单"几何变换",单击"平面旋转",或者直接单击按钮。出现平面旋转的立即菜单。

② 在"立即菜单"中选择"移动"或"拷贝",输入角度值,指定旋转中心,按右键确认,平面旋转完成。平面旋转有拷贝和平移两种方式。拷贝方式除了可以指定旋转角度外,还可以指定拷贝份数。

2. 旋转

旋转是指对拾取的图素围绕空间线为对称轴作旋转移动或旋转拷贝。可通过单击"旋转"图标 激活该功能。

旋转是以原始曲线为基准,旋转指定的角度。拾取元素时,可以按空格键,弹出"选择集拾取工具",进行选项的选择。起点和终点的选择不同,旋转方向就不同,按照右手螺旋法则:拇指指向末点方向,四指指向旋转方向。

【操作】

① 单击常用选项卡下的"几何变换",单击"旋转"图标 。

② 在"立即菜单"中选择"移动"或"拷贝"。

③ 拾取旋转轴首点,旋转轴末点,拾取旋转元素,按右键确认,旋转完成。

思考与练习

一、填空题

1. 平面旋转是对拾取的曲线或曲面进行（　　　　　）的旋转或旋转拷贝。平面旋转有（　　　）和（　　　）两种方式。

2. 旋转是对拾取的曲线或曲面进行（　　　　　）的旋转或旋转拷贝。旋转有拷贝和平移两种方式。拷贝方式除了可以指定旋转角度外,还可以指定（　　　　）。

3. 旋转方向的判别采用（　　　　　）。

二、判断题

1. 平面旋转中的旋转角度是以原始曲线为基准,沿逆时针方向旋转的角度。（　　　）

2. 在几何变换中有两种旋转功能:平面旋转和旋转,它们的作用是相同的。（　　　）

3. 旋转是指对拾取的图素围绕空间线为对称轴作旋转移动或旋转拷贝。旋转是以原始曲线为基准,旋转指定的角度。起点和终点的选择不同,旋转方向就不同,按照右手螺旋法则:拇指指向末点方向,四指指向旋转方向。（　　　）

三、作图题

1. 绘制如图 2-12 所示的平面图形。

2. 绘制如图 2-13 所示的平面图形。

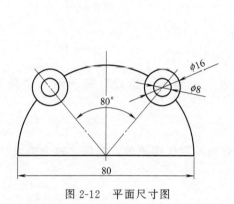

图 2-12 平面尺寸图

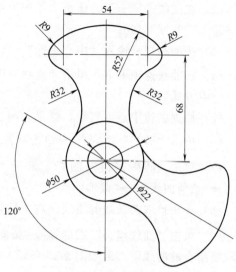

图 2-13 拨叉零件尺寸图

任务三 1/4 直角弯管三维图形绘制

一、任务导入

绘制如图 2-14 所示直角弯管的三维线架图形。

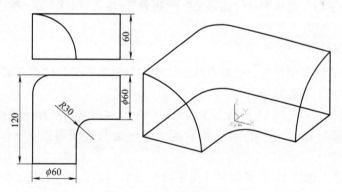

图 2-14 直角弯管尺寸图

二、任务分析

从图 2-14 可分析直角弯管由 1/4 半圆曲面和平面围成，可以先用直线等功能绘制下部分，然后用平移工具复制上部分，最后用圆弧工具在 XOY 和 YOZ 面上绘制 1/4 圆弧。

三、造型步骤

（1）双击桌面上的"CAXA 制造工程师"快捷方式图标，进入设计界面。在默认状态下，当前坐标平面为 XOY 平面，非草图状态。

（2）在曲线选项卡下，单击"矩形"图标 ▢ →"中心_长_宽"→输入"长度"120，回车→输入"宽度"120。

（3）按回车键→输入"中心坐标"（0，0）→按回车键→右击结束。

（4）在曲线选项卡下，单击"直线"图标 ✎ →"两点线"→"连续"→"正交"（非正交也可以）→"点方式"。

（5）捕捉各边中点连直线，结果如图2-15所示。

（6）单击"剪裁"图标 ✂ →单击剪裁多余线→回车结束。

（7）单击"圆弧过渡"图标 ◢ →"圆弧过渡"→输入"半径"30→输入"精度"0.01→"裁剪曲线1"→"裁剪曲线2"。

（8）分别拾取两条裁剪曲线→右击结束。

（9）单击"曲线组合"图标 ↩ →按空格键→弹出拾取快捷菜单，选择"单个拾取"→拾取要组合的曲线，结果如图2-16所示。

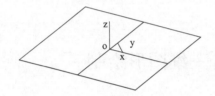

图2-15 绘制矩形

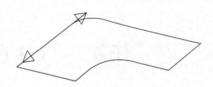

图2-16 曲线组合

（10）单击"平移"图标 🔩 →"偏移量"→"拷贝"→输入"DX"0→输入"DY"0→输入"DZ"60。

（11）拾取正后边线→右击结束。

（12）单击"直线"图标 ✎ →"两点线"→"连续"→"非正交"→"点方式"。

（13）捕捉连接上下各对应点。

（14）按F9键，选择 XOZ 平面为作图平面→单击"圆弧"图标→选择"圆心_起点_圆心角"→拾取圆心点1（左角点）→拾取起点2→拾取直线端点3→作圆弧，如图2-17所示。

（15）按F9键，选择 YOZ 平面为作图平面→拾取圆心点1（右角点）→拾取起点2→拾取直线左端点3→作圆弧，如图2-18所示。

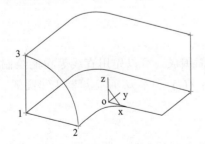

图2-17 绘制左圆弧

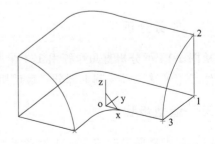

图2-18 绘制右圆弧

提示：拾取元素采用"框选"时，如果用鼠标在图形左上方单击拾取一点，再到图形右下方拾取一点进行"框选"，则在框内的所有元素被选中，与框交叉或在框外的元素不被选中。反过来，如果用鼠标在图形右下方单击拾取一点，再到图形左上方拾取一点后进行"框选"，则在框内和框交叉的所有元素都被选中，在框外的元素不被选中。

四、知识拓展

1. 缩放

缩放是指对拾取的图素进行按比例放大或缩小。

【操作】可通过单击"缩放"图标▣激活该功能。

2. 经验总结

利用几何变换可以大大地简化作图过程，提高作图效率。作图时，常需要将曲线或图移动或复制到其他地方。在线架非"草图绘制"模式下，不能利用作辅助基准面的办法，作某方向上的相同（或相似的）曲线。而用"等距线"的方法有时又受到限制，曲线"投影"只能在"草图绘制"时使用。因此，"平移"功能在作图中的使用频率较高。"缩放"功能在造型完成后，使用的机会也很多，如塑料模具在加工过程中，是要考虑塑料的"缩水率"的。但是，在进行模具造型时，一般都是按标注的公称尺寸作图，并不考虑每个尺寸的缩放问题。可以在造型完成以后，再统一考虑图形的缩放，这样使作图更准确可靠一些。在使用这些功能时，注意区别"平面旋转"与"旋转""平面镜像"与"镜像"的不同。

思考与练习

1. 用矩形方式对圆心坐标（0，0）、半径 15 的圆，作行数 1、行距 0、列数 4、列距 20、角度 60 的阵列拷贝，如图 2-19 所示。

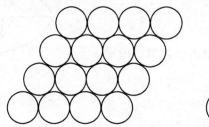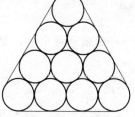

图 2-19　阵列平面图

2. 按如图 2-20 所示绘制平面图形。

提示：使用圆、阵列、等距、修剪等功能。

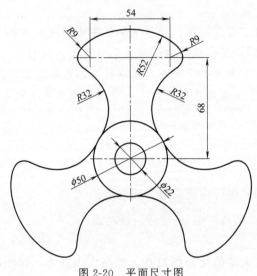

图 2-20 平面尺寸图

任务四 六角花平面图形绘制

一、任务导入

根据图 2-21 所示的六角花平面图形，综合运用平面绘图命令和几何变换方法，绘制其平面图形。通过该图的练习，应熟练掌握修剪、镜像、旋转等命令的用法，掌握绘图操作技巧，提高绘制平面图形的能力。

二、任务分析

从图 2-21 可以看出，该图为六角花平面图形，先画圆形、一个三角形，然后画圆弧，再通过旋转、镜像得到整体图形。

三、造型步骤

（1）按 F5 键→在曲线选项卡下，单击"整圆"图标 ⊕ →"圆心 _ 半径"。

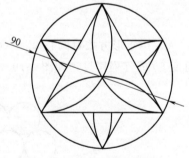

图 2-21 六角花平面图形

（2）按回车键→输入"圆心坐标"（0，0）→输入"半径"45→按回车键。

（3）单击"正多边形"图标 ⬡ →"中心"→输入"边数"3，"内接"。

（4）按空格键→在"工具点"菜单中选择"C 圆心"→按空格键→"N 最近点"→拾取圆边界上的 C 点→右击，结果如图 2-22 所示。

（5）单击"圆弧"图标 ⊕ →"三点圆弧"→捕捉 C 点、A 点、D 点→同样捕捉其他点完成如图 2-23 所示的图形。

（6）单击阵列图标 ⊞ →"圆心"→"均布"→输入"份数"3。

（7）拾取圆弧 *CAD*→右击→拾取圆心 *A* 点→右击结束，结果如图 2-24 所示。

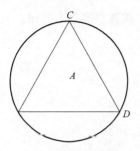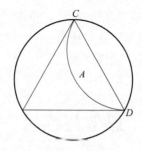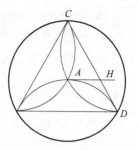

图 2-22　绘制三角形　　　　图 2-23　绘制圆弧　　　　图 2-24　阵列圆弧

（8）单击"平面镜像"图标⟂→"拷贝"。

（9）拾取直线一端点 *A*→拾取直线另一端点 *H*→拾取梅花圆弧线→右击结束，结果如图 2-25 所示。

（10）单击"曲线裁剪"图标✂→"快速裁剪"→"正常裁剪"。

（11）拾取需要裁剪的部分→右击结束。

（12）单击"删除"图标✎→逐个拾取要删除的元素→右击结束，结果如图 2-26 所示。

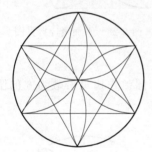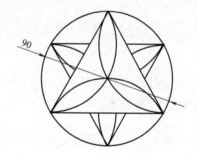

图 2-25　平面镜像　　　　　　　图 2-26　六角花平面图

四、知识拓展

几何变换是对图形元素进行平移、平面旋转、旋转、平面镜像、镜像、阵列和缩放等操作。它们主要是对曲线、曲面进行操作，运用得好可以简化作图，提高绘图效率。

1. 平面镜像

对拾取的曲线或曲面以某一条直线为对称轴，进行同一平面上的对称镜像或对称拷贝。平面镜像有拷贝和平移两种方式。

【操作】可通过单击"平面镜像"图标⟂激活该功能。

① 单击"造型"，指向下拉菜单"几何变换"，单击"平面镜像"，或者直接单击按钮。

② 在"立即菜单"中选择"移动"或"拷贝"。

③ 拾取镜像轴首点，镜像轴末点，拾取镜像元素，按右键确认，平面镜像完成。

2. 镜像

镜像与平面镜像类似，是对曲线或曲面进行空间上的对称镜像或对称拷贝。镜像与平面镜像不同的是需拾取镜像平面（可拾取平面上的 3 点来确定一个平面）。

【操作】可通过单击"镜像"图标 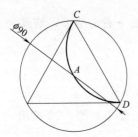 激活该功能。

① 单击"造型",指向下拉菜单"几何变换",单击"镜像",或者直接单击按钮。

② 在"立即菜单"中选择"移动"或"拷贝"。

③ 拾取镜像元素,按右键确认,镜像完成。

思考与练习

1. 图 2-27 为平面图形,完成如图 2-27(b)所示的图形,再以 CD 直线为对称轴作平面镜像拷贝,如图 2-28 所示。

图 2-27　平面图形

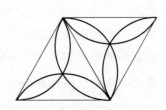

图 2-28　平面镜像拷贝图

2. 用均布方式,如图 2-29 所示对 XOY 平面上 CAB 圆弧作拷贝份数为 6 的圆形阵列,结果如图 2-30 所示。

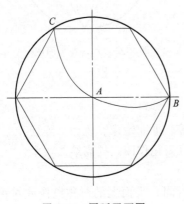

图 2-29　圆弧平面图

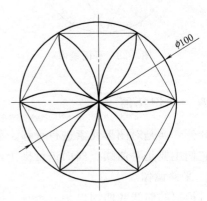

图 2-30　圆形阵列图

项目小结

　　本项目主要学习几何变换中对图形元素进行平移、平面旋转、旋转、平面镜像、镜像、阵列和缩放等功能的基本操作,树立作图的基本思维方法,尽量简化作图过程,提高作图效率。通过典型工作任务的学习,使读者快速掌握并熟练运用几何变换操作方法。

项 目 实 训

1. 绘制如图 2-31 和图 2-32 所示的三维线架图形。

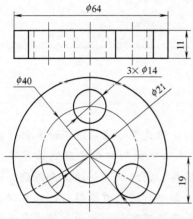

图 2-31　线架造型尺寸图

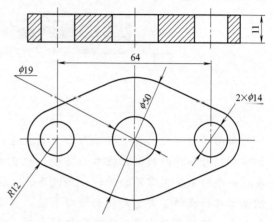

图 2-32　线架造型尺寸图

2. 按如图 2-33 和图 2-34 所示绘制二维平面图形。

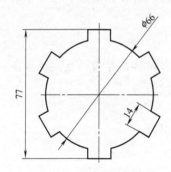

图 2-33　花键平面图形

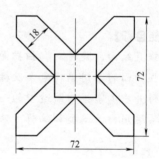

图 2-34　十字结平面图形

项目三

曲面造型

曲面造型是使用各种数学曲面方式表达三维零件形状的造型方法。随着计算机计算能力的不断提升和曲面模型化技术的进步，现在 CAD/CAM 系统使用曲面已经能够完整准确地表现一个特别复杂零件的外形，如汽车、飞机、金属模具、塑料模具等的复杂外形。CAXA 制造工程师提供了丰富的曲面造型手段，构造完决定曲面形状的关键线框后，就可以在线框基础上，选用各种曲面的生成和编辑方法，在线框上构造所需定义的曲面来描述零件的外表面。本项目是学习 CAXA 制造工程师中直纹面、旋转面、扫描面、边界面、放样面、网格面、导动面、等距面、平面、实体表面、曲面裁剪、过渡、拼接、缝合和延伸等曲面造型和编辑功能。

【技能目标】

- 掌握直纹面、旋转面、扫描面、边界面、放样面、网格面等曲面生成的方法。
- 掌握曲面的常用编辑命令及操作方法。
- 理解并基本掌握曲面造型的一般步骤和技巧。
- 灵活运用曲面造型和编辑方法构建各种复杂曲面图形。

任务一　圆柱体曲面造型

一、任务导入

绘制 $\phi 80$、高度为 50 的圆柱体曲面模型。

二、任务分析

用圆心坐标（0，0，0）、半径为 40 的圆和将其平移拷贝 $DZ = 50$ 后得到的圆生成直纹面。

三、造型步骤

（1）绘制圆心坐标（0，0，0）、半径 40 的圆。

（2）按 F8 键→单击"平移"图标 →平移→偏移量→拷贝→输入"DZ"50。

（3）拾取圆→右击，结果如图 3-1（a）所示。

（4）在"曲面"选项卡下，单击"直纹面"图标 →曲线＋曲线。

（5）分别拾取两个圆大致相同的位置→右击结束，结果如图 3-1（b）所示。

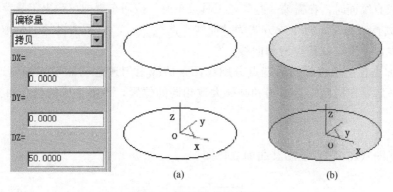

图 3-1　圆柱体曲面模型

提示：拾取两条曲线时一定要在同侧端点或圆和圆弧大致相同的位置，否则生成的直纹面会发生扭曲现象。在拾取曲线时，不能用链拾取，它只能拾取单根线。如果一个封闭图形有尖角过渡，直纹面必须分别作出，才能围成直纹面图形，它不是整体式的。对于曲线为圆、圆弧、椭圆、组合曲线等线与线之间无尖角过渡的曲线，系统将作为一条曲线进行拾取，形成一个整体的直纹面。

四、知识拓展

直纹面是指一根直线的两端点分别在两条曲线上匀速运动而形成的轨迹曲面。直纹面生成有 3 种方式：曲线＋曲线、点＋曲线和曲线＋曲面，如图 3-2 所示。

"曲线＋曲线"是指在两条曲线之间生成直纹面。"点＋曲线"是指在一个点和一条曲线之间生成直纹面。"曲线＋曲面"是指在一条曲线和一个曲面之间生成直纹面。

图 3-2　直纹面立即菜单

【操作】可通过单击"直纹面"图标 激活该功能。

① 单击"造型"，指向下拉菜单"曲面生成"，单击"直纹面"，或单击直纹面图标，出现直纹面立即菜单。

② 在"立即菜单"中选择直纹面生成方式。

③ 按状态栏的提示操作，生成直纹面。

思考与练习

一、填空题

1. 在生成直纹面时，当生成方式为"曲线＋曲面"时，输入方向时可利用（　　　　）。

2. 直纹面是由（　　　　）分别在两图形对象上（　　　　）而形成的轨迹曲面。

3. 在生成旋转曲面时，在拾取母线时，选择方向时的箭头与曲面旋转方向两者应遵循（　　　　）法则，旋转时以母线的（　　　　）位置为（　　　　）。

二、判断题

1. 在生成直纹面时，在需要一些矢量工具菜单时，按回车键即可弹出工具菜单。（　　）

2. 在生成直纹面时，当生成方式为"曲线＋曲线"时，如系统提示"拾取失败"，可能是由于拾取位置中没有这种类型的曲线。（　　）

3. 直纹面是指一根直线的两端点分别在两条曲线上匀速运动而形成的轨迹曲面。拾取两条曲线时一定要在同侧端点或圆和圆弧大致相同的位置，否则生成的直纹面会发生扭曲现象。（　　）

三、作图题

根据三视图（图 3-3）绘制其曲面立体图。

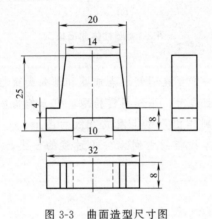

图 3-3　曲面造型尺寸图

任务二　台灯罩曲面造型

一、任务导入

绘制如图 3-4 所示台灯罩曲面模型。

二、任务分析

通过图 3-4 所示可知，台灯罩曲面是由回转中线的圆柱曲面和球形曲面围成，所以可先绘制一半图形，然后用"旋转面"功能生成外围曲面。

三、造型步骤

（1）按 F7 键，根据已知条件绘制母线，再绘制一条起点为坐标系原点，终点为 Z 轴上任一点的直线，作为旋转轴线，如图 3-5 所示。

（2）单击"旋转面"图标 →输入"起始角"0°→输入"终止角"360°。

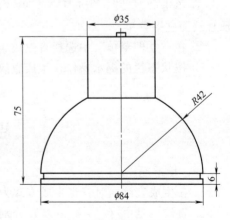

图 3-4　台灯罩曲面模型尺寸图

（3）拾取与 Z 轴重合的旋转轴线→拾取向上的箭头→拾取母线→右击结束，结果如图 3-6 所示。

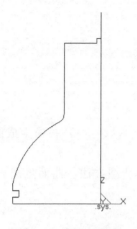

图 3-5 旋转面母线

图 3-6 台灯罩曲面模型

提示：

（1）提示旋转线和旋转轴不要相交。在拾取母线时，可以利用曲线拾取工具菜单（按空格键）。选择的箭头方向与曲面旋转方向两者遵循右手螺旋法则。旋转时以母线的当前位置为零起始位置。

（2）如果旋转生成的是球面，其上半部分要被加工制造的，则不能作成二分之一的圆旋转 180°，而应作成四分之一的圆旋转 360°，否则法线方向不对，以后无法加工。

四、知识拓展

1. 旋转面

旋转面是指按给定的起始角度、终止角度，将曲线（也称母线）绕一轴线旋转而生成的轨迹曲面。

起始角是指生成曲面的起始位置与母线和旋转轴构成平面的夹角。

终止角是指生成曲面的终止位置与母线和旋转轴构成平面的夹角。

【操作】可通过单击"旋转面"图标 ![icon] 激活该功能。

① 单击"造型"，指向下拉菜单"曲面生成"，单击"旋转面"，或单击旋转面图标，出现旋转面立即菜单。

② 输入起始角和终止角的角度值。

③ 拾取空间轴线为旋转轴，并选择方向。

④ 拾取空间曲线为母线，生成旋转面。

2. 扫描面

扫描面是指按给定的起始位置和扫描距离，将曲线沿指定方向以一定的锥度扫描生成的曲面。

起始距离：是指生成曲面的起始位置与曲线平面沿扫描方向上的间距。

扫描距离：是指生成曲面的起始位置与终止位置沿扫描方向上的间距。

扫描角度：是指生成的曲面母线与扫描方向的夹角。

【操作】

可通过单击"扫描面"图标 激活该功能。

思考与练习

一、填空题

1. 扫描面是按照给定的（　　　　　　　　　　　）和（　　　　　　　　　　　）将曲面沿（　　　　　　　　　　　）以一定的（　　　　　　　　　　）扫描生成曲面，其也是（　　　　　　　　　　）的一种。

2. 曲面造型是直接使用各种数学方式表达零件形状的造型方法。曲面生成方式共有10种：（

　　　　　　　　　　　　　　　　　　）。

3. 在横竖相交的网格曲线架上蒙成自由曲面，就用（　　　　　　）生成方式；要在一组互不相交、方向相同、形状相似的曲线上蒙成自由曲面，就用（　　　　　　）生成方式；如果要让某条曲线在某个方向上扫动成曲面，就用（　　　　　　）生成方式；若要某一曲线沿着另一条曲线扫动形成曲面，就用（　　　　　　）生成方式。

二、判断题

1. 在生成旋转曲面时，旋转母线和旋转轴不能相交。（　　　）

2. 旋转面是指按给定的起始角度、终止角度，将曲线（也称母线）绕一轴线旋转而生成的轨迹曲面。（　　　）

3. 如果旋转生成的是球面，而其上面的部分要被加工制造，要作成四分这一的圆转180°，否则法线方向不对，以后无法加工。（　　　）

三、作图题

根据二视图（图3-7和图3-8）绘制其曲面立体图。

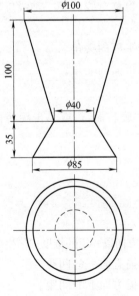

图3-7　曲面造型尺寸图

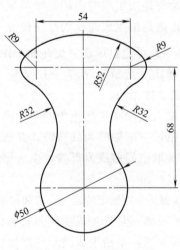

图3-8　曲面造型尺寸图

任务三　弯管三维图形绘制

一、任务导入

绘制如图 3-9 所示的弯管三维曲面图形。

二、任务分析

用 XOY 平面上圆心坐标（0，0）、半径 30 的圆作截面线，沿型值点（0，0，0）、（0，0，30）、（0，20，45）的插值样条线生成平行导动的导动面。

用 XOZ 平面上圆心坐标（0，0）、半径 30 的圆和样条线的终点为圆心且垂直于样条线、半径为 12 的圆作截面线，沿型值点（0，0，0）、（0，0，30）、（0，20，45）的插值样条线（导动线）生成双截面线固接导动的导动面。

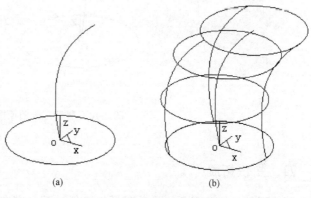

(a)　　　　　　(b)

图 3-9　弯管三维曲面图形

三、绘制步骤

（1）在 YOZ 平面上绘样条线，在 XOY 平面上绘圆，如图 3-9（a）所示。

（2）单击"导动面"图标 →平行导动。

（3）拾取样条线（导动线）→拾取向上的箭头→拾取圆→右击结束，结果如图 3-9（b）所示。

提示：平行导动是指截面线沿导动线移动过程中始终平行于它最初的空间位置导动生成曲面。截面线扫动距离由导动线长度决定。

（4）在 YOZ 平面上绘样条线，在 XOY 平面上绘半径 30 的圆。

（5）按 F9 键，切换到 XOZ 平面。

（6）单击"整圆"图标 →"圆心_半径"。

（7）拾取型值点（0，20，45）→按回车键，输入"半径"12，结果如图 3-10（a）所示。

（8）单击"导动面"图标 →"固接导动"→"双截面线"。

（9）拾取样条线→拾取向上的箭头→拾取大圆→拾取小圆→右击结束，结果如图 3-10（b）所示。

提示：固接导动是指截面线在沿导动线移动过程中始终保持最初与导动线之间固定的空间夹角关系不变导动生成的曲面。固接导动有单截面线和双截面线两种，也就是说截面线可以是一条

或两条。"双截面线"导动时，箭头所指方向的截面线应被选择（作为第二条截面曲线）。

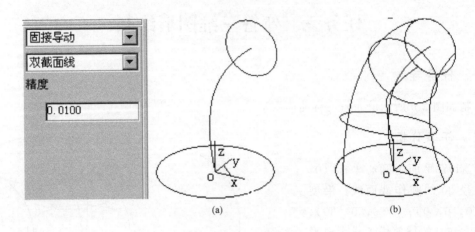

图 3-10　弯管三维曲面图形

四、知识拓展

导动面是指特征截面线沿着特征轨迹线的某一方向扫动生成的曲面。可通过单击"导动面"图标 激活该功能。导动面生成有 6 种方式：平行导动、固接导动、导动线 & 平面、导动线 & 边界线、双导动线和管道曲面。

生成导动曲面的基本思想：选择截面曲线或轮廓线沿着另外一条轨迹线导动生成曲面。为了满足不同形状的要求，可以在扫动过程中，对截面线和轨迹线施加不同的几何约束，让截面线和轨迹线之间保持不同的位置关系，就可以生成形状变化多样的导动曲面。如截面线沿轨迹线运动过程中，我们可以让截面线绕自身旋转，也可以绕轨迹线扭转，还可以进行变形处理，这样就能产生各种方式的导动曲面。

（1）平行导动。截面线沿导动线趋势始终平行它自身的移动而生成曲面，截面线在运动过程中没有任何旋转。

【操作】

① 单击"造型"，指向下拉菜单"曲面生成"，单击"导动面"，或单击导动面图标，出现导动面立即菜单。

② 选择"平行导动"方式。

③ 拾取导动线，并选择方向。

④ 拾取截面曲线，生成导动面。

（2）固接导动。在导动过程中，截面线和导动线保持固接关系，即让截面线与导动线的切矢方向保持相对角度不变，而且截面线在自身相对坐标架中的位置关系保持不变，截面线沿导动线变化的趋势导动生成曲面。固接导动有单截面线和双截面线两种。

【操作】

① 单击"造型"，指向下拉菜单"曲面生成"，单击"导动面"，或单击导动面图标，出现导动面立即菜单。

② 选择"固接导动"方式。

③ 选择单截面线或双截面线。

④ 拾取导动线，并选择方向。

⑤ 拾取截面曲线（若是双截面，应拾取两条截面线）生成导动面。

（3）导动线 & 平面。截面线按一定规则，沿一个平面或空间导动线（脊线）扫动生成的曲面。保证截面线沿某个平面的法向导动。这种导动方式尤其适用于导动线是空间曲线的情形截面线可以是一条或两条。

【操作】

① 单击"造型"，指向下拉菜单"曲面生成"，单击"导动面"，或单击导动面图标，出现导动面立即菜单。

② 选择"导动线 & 平面"方式。

③ 选择单截面线或双截面线。

④ 输入平面法矢方向。按空格键，弹出矢量工具选择方向。

⑤ 拾取导动线，并选择导动方向。

⑥ 拾取截面线（若是双截面线导动，应拾取两条截面线）生成导动面。

（4）导动线 & 边界线。截面线按以下规则沿一条导动线扫动生成曲面。规则：运动过程中截面线平面始终与导动线垂直；运动过程中截面线平面与两边界线需要有两个交点；对截面线进行缩放，将截面线横跨于两个交点上。截面线沿导动线如此运动时就与两条边界线一起扫动生成曲面。

导动线 & 边界线：指双截面线、变高导动面的生成过程。

【操作】

① 单击"造型"，指向下拉菜单"曲面生成"，单击"导动面"，或单击导动面图标，出现导动面立即菜单。

② 选择"导动线 & 边界线"方式。

③ 选择等高或变高。

④ 拾取导动线，并选择导动方向。

⑤ 拾取第一条边界曲线。

⑥ 拾取第二条边界曲线。

⑦ 拾取截面线，若是双截面线导动，应拾取两条截面线，生成导动面。

（5）双导动线。将一条或两条截面线沿着两条导动线匀速地扫动生成曲面。

【操作】

① 单击"造型"，指向下拉菜单"曲面生成"，单击"导动面"，或单击导动面图标，出现导动面立即菜单。

② 选择"双导动线"方式。

③ 选择单截面线或者双截面线。

④ 选择等高或变高。

⑤ 拾取第一条导动线，并选择导动方向。

⑥ 拾取第二条导动线，并选择导动方向。

⑦ 拾取截面曲线（在第一条导动线附近）。若是双截面线导动，应拾取两条截面线（在第一条导动线附近），生成导动面。

（6）管道曲面。给定起始半径和终止半径的圆形截面沿指定的中心线扫动生成曲面。

【操作】

① 单击"造型",指向下拉菜单"曲面生成",单击"导动面",或单击导动面图标。

② 选择"管道曲面"方式。

③ 填入起始半径、终止半径和精度。

④ 拾取导动线,并选择导动方向生成导动面。

思考与练习

1. 按如图 3-11 所示给定的尺寸,用曲面造型方法生成三维曲面立体图。

提示:侧面上的半圆曲面可用直纹面的点+曲线方式生成,因此要先在半圆的圆心绘制一个点。

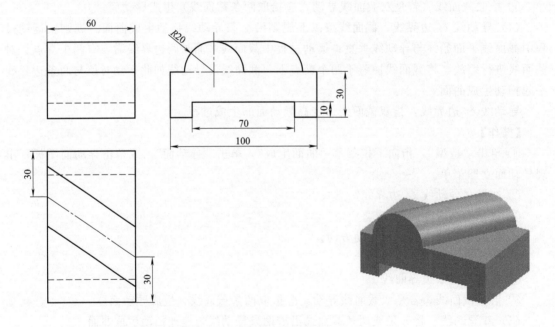

图 3-11 曲面造型尺寸图

2. 按如图 3-12 所示给定的尺寸,作相贯体的三维曲面立体图。

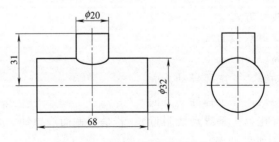

图 3-12 相贯体曲面造型尺寸图

任务四　手柄曲面造型

一、任务导入

绘制如图 3-13 所示的手柄曲面造型。

二、任务分析

手柄外形为光滑曲面，可先作如图 3-14 所示的外形图，然后在各要素交点和中点处作圆截面，通过放样面生成手柄光滑曲面。

三、造型步骤

（1）根据已知条件先绘制如图 3-14 所示的外形平面图。

（2）在曲线选项卡下，单击"直线"，或者直接单击 ✏ 按钮，在手柄各要素交点和中点处作直线，结果如图 3-15 所示。

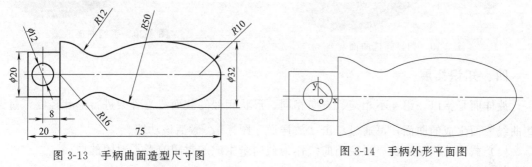

图 3-13　手柄曲面造型尺寸图　　　　　图 3-14　手柄外形平面图

（3）单击"整圆"图标 ⊕ →"圆心 _ 半径"，捕捉各直线中点为圆心，捕捉各直线端点为半径作圆，结果如图 3-16 所示。

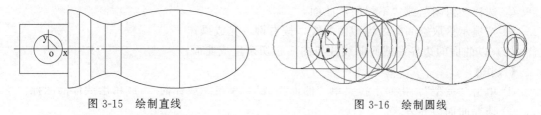

图 3-15　绘制直线　　　　　　　　图 3-16　绘制圆线

（4）单击"旋转"图标 ⚊ →"拷贝"→输入拷贝份数 1→输入角度值 90，拾取直线一个端点→拾取直线另一个端点→圆→右击结束，结果如图 3-17 所示。

（5）单击"放样面"图标 ◇ →"曲面边界"，拾取如图 3-17 所示的各截面圆，结果如图 3-18 所示。

（6）单击"整圆"图标 ⊕ →"圆心 _ 半径"，拾取坐标系原点→输入"半径"6→右击。单击"扫描面"图标 〰 →输入起始距离-20→右击→输入扫描距离 40→输入扫描角度 0→按空格键→选择扫描方向（Z 轴正方向）→（扫描面生成）→右击结束，结果如图 3-19 所示。

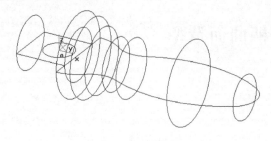

图 3-17　旋转圆

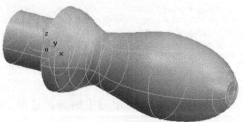

图 3-18　放样面曲面

（7）单击"曲面裁剪"按钮 ✂，在"立即菜单"中依次选择"面裁剪"→"裁剪"方式，按提示拾取被裁剪曲面的保留部分，拾取剪刀面，则裁剪掉圆柱面的下部，结果如图 3-20 所示。

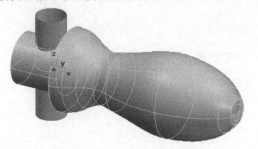

图 3-19　扫描圆柱曲面

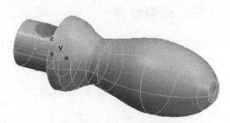

图 3-20　手柄曲面造型

四、知识拓展

放样面是指以一组互不相交、方向相同、形状相似的截面线为骨架进行形状控制，过这些曲线蒙面生成的曲面，可通过单击"放样面"图标 激活该功能。

（1）截面曲线是通过一组空间曲线作为截面来生成的封闭或者不封闭的曲面。

【操作】

① 单击"造型"，指向下拉菜单"曲面生成"，单击"放样面"，或单击放样面图标。

② 选择截面曲线方式。

③ 选择"封闭"或"不封闭"曲面。

④ 按提示拾取空间曲线为截面曲线，按右键，完成操作。

（2）以曲面的边界和截面曲线并与曲面相切来生成曲面。

【操作】

① 单击"造型"，指向下拉菜单"曲面生成"，单击"放样面"，或单击放样面图标。

② 选择曲面边界方式。

③ 在第一条曲线边界上拾取其所在曲面。

④ 按提示拾取空间曲线为截面曲线，按右键。

⑤ 在第二条曲面边界线上拾取其所在曲面，按右键，完成操作，生成曲面边界方式的放样面。

思考与练习

1. 用圆心坐标（0，0，35）、半径 25 的曲面和圆心坐标（0，0，－20）、半径 30 的曲

面及圆心坐标（0，0，15）、半径 20 的截面线和圆心坐标（0，0，-5）、半径 26 的截面曲
线生成曲面边界放样面，如图 3-21 所示。

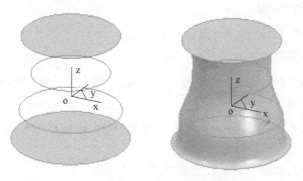

图 3-21 放样面曲面

2. 按如图 3-22 所示给定的尺寸，用曲面造型方法生成三维图形。

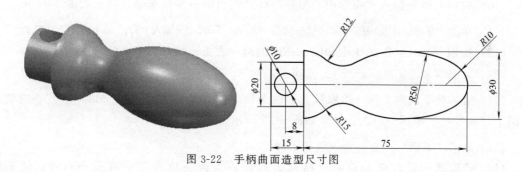

图 3-22 手柄曲面造型尺寸图

任务五 线圈骨架曲面造型

一、任务导入

根据如图 3-23 所示的外圆内方形体的二维图形建立其三维曲面造型。通过该图的练习，初步学习直纹面、平移等命令的用法，掌握曲面造型操作技能。

二、任务分析

从图 3-23 可以看出，该模型为外圆内方形体造型，先画底部圆和正方形，经过向上平移复制后可得到各层高度的框架，然后用直纹面命令完成基本曲面造型。本任务所选练习图形比较简单，关键是要内外分层作图，以免各面相互混淆。

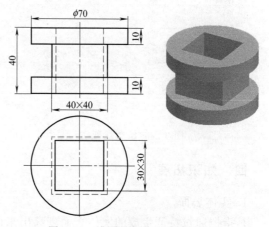

图 3-23 线圈骨架曲面造型尺寸图

三、造型步骤

(1) 按 F5 键→按 F8 键。

(2) 单击"整圆"图标 ⊕ →"圆心 _ 半径"。

(3) 拾取坐标系原点→输入"半径"35→右击。

(4) 单击"矩形"图标 □ →"中心 _ 长 _ 宽"→输入"长度"30→输入"宽度"30。

(5) 拾取坐标系原点→右击。

(6) 单击"平移"图标 🔂 →偏移量→拷贝→输入"DX"0→输入"DY"0→输入"DZ"40。

(7) 拾取矩形→拾取圆→右击,结果如图 3-24 所示。

(8) 输入"DZ"10→拾取 XOY 平面上的圆→右击。

(9) 单击"矩形"图标 □ →"中心 _ 长 _ 宽"→输入"长度"40→输入"宽度"40。

(10) 按回车键→输入"矩形中心坐标"(0,0,10)→按回车键,结果如图 3-24 所示。

(11) 单击"平移"图标 ⊡ →偏移量→拷贝→输入"DX"0→输入"DY"0→输入"DZ"20。

(12) 拾取"40×40"的矩形和同一高度的圆→右击,结果如图 3-24 所示。

(13) 单击"直纹面"图标 ▱ →曲线＋曲线。

(14) 拾取最下面两个圆→拾取最上面两个圆→拾取上下两个"30×30"矩形→拾取上下两个"40×40"矩形→右击,结果如图 3-25 所示。

(15) 单击"平面"图标 ▱ →裁剪平面。

(16) 拾取圆→拾取任一箭头→拾取矩形任一条边→拾取任一箭头→右击,结果如图 3-25 所示(真实感显示)。

(17) 单击主菜单的编辑→图素不可见→拾取全部线架→右击结束,结果如图 3-25 所示。

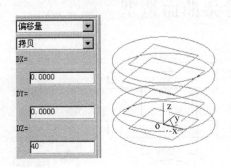

图 3-24　绘制线架线

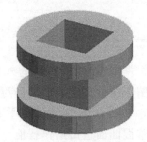

图 3-25　线圈骨架曲面造型

四、知识拓展

1. 实体表面

是指把通过特征生成的实体表面剥离出来而形成一个独立的面。

【操作】

① 单击"造型",指向下拉菜单"曲面生成",单击"实体表面"或单击按钮。

② 按提示拾取实体表面,完成操作。

2. 等距面

等距面是指给定距离与等距方向生成与已知曲面等距的曲面。

【操作】

① 单击"等距面"图标 ⬚⬚ 。

② 输入"等距距离"为 30。

③ 拾取曲面→拾取向上箭头→右击结束。

3. 平面

平面是指利用多种方式生成所需平面。平面与基准面的比较：基准面是在绘制草图时的参考面，而平面则是一个实际存在的面。

裁剪平面是指将封闭轮廓进行裁剪后形成的有一个或者多个边界的平面。工具平面是指用给定的长度和宽度生成平面。

【操作】

① 单击"平面"图标 ▱ →"裁剪平面"。

② 拾取平面外轮廓→拾取任一箭头。

③ 拾取平面内轮廓→拾取任一箭头→右击结束。

思考与练习

按如图 3-26 所示给定的尺寸，用曲面造型方法生成三维图形。

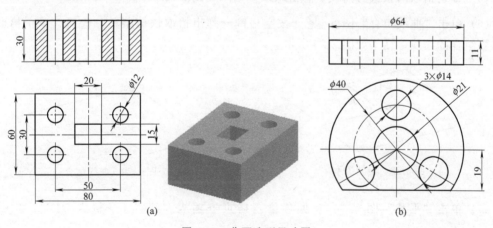

图 3-26　曲面造型尺寸图

任务六　1/4 半圆弯头三维曲面造型

一、任务导入

绘制如图 3-27 所示的 1/4 半圆弯头三维曲面模型，掌握综合使用"直纹面""四边面"

及"曲面裁剪"功能创建较复杂曲面模型的技能。

二、任务分析

从图 3-27 可以看出，该半圆弯头三维曲面模型为方形圆曲面，可用"曲线组合"和"平移"来完成俯视图。上部为曲面，可用"四边面"来完成，上下曲线要进行组合才能用。本任务关键是要掌握曲面裁剪分隔后可实现部分加工的技能。

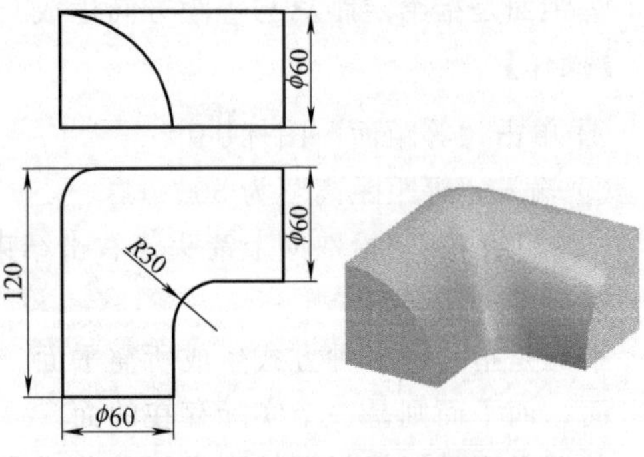

图 3-27　半圆弯头曲面模型尺寸图

三、造型步骤

（1）在"曲线"选项卡下，单击"矩形"图标、 → "中心 _ 长 _ 宽" → 输入"长度"120 回车 → 输入"宽度"120，按回车键 → 输入"中心坐标"（0，0）→ 按回车键 → 右击结束。

（2）单击"直线"图标 → 两点线 → 连续 → 正交（非正交也可以）→ 点方式，捕捉各边中点连成直线，结果如图 3-28 所示。

（3）单击"剪裁"图标 → 单击剪裁多余线 → 回车结束。

（4）单击"圆弧过渡"图标 → 圆弧过渡 → 输入"半径"30 → 输入"精度"0.01 → 裁剪曲线 1 → 裁剪曲线 2。

（5）分别拾取两条裁剪曲线 → 右击结束，结果如图 3-29 所示。

（6）单击"曲线组合"图标 → 按空格键 → 弹出拾取快捷菜单，选择"单个拾取"→ 拾取要组合的曲线，结果如图 3-29 所示。

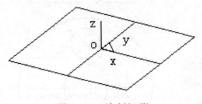

图 3-28　绘制矩形

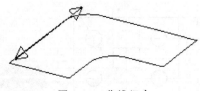

图 3-29　曲线组合

（7）单击"平移"图标 → 偏移量 → 拷贝 → 输入"DX"0 → 输入"DY"0 → 输入"DZ"60。拾取正后边线 → 右击结束。单击"直线"图标 → 两点线 → 连续 → 非正交 → 点方式。捕捉连接上下各对应点，结果如图 3-30 所示。

（8）按 F9 键，选择 *XOZ* 平面为作图平面 → 单击"圆弧"图标 → 选择"圆心 _ 起点 _ 圆心角" → 拾取圆心点 1（左角点）→ 拾取起点 2 → 拾上直线端点 3 → 作圆弧，如图 3-30 所示。

（9）按 F9 键，选择 *YOZ* 平面为作图平面 → 拾取圆心点 1（右角点）→ 拾取起点 2 → 拾取直线左端点 3 → 作圆弧，如图 3-31 所示。

（10）单击"边界线"图标 → 选择"四边面" → 拾取两个圆弧和两条组合曲线，作曲面，如图 3-32 所示。

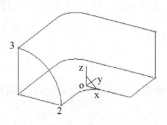

图 3-30　绘制左圆弧

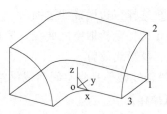

图 3-31　绘制右圆弧

（11）在"曲面"选项卡下，单击"直纹面"图标 →"点＋曲线"→拾取空间点→拾取圆弧轮廓→右击结束，完成侧面曲面，结果如图 3-33 所示。

（12）同理用"直纹面"曲面造型方式完成其他侧面，结果如图 3-33 所示。

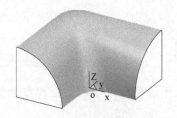

图 3-32　绘制四边面

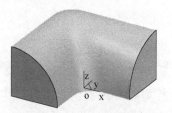

图 3-33　绘制圆弧面

（13）在上、下、中间作一条斜线→单击"曲面裁剪"图标→选择"投影线裁剪"→选择"分裂"→输入精度（0.01）→拾取被裁剪曲面→按空格→输入投影方向（Z 轴正方向）→拾取剪刀线（斜线）→等待计算，曲面被分成两部分，如图 3-34 所示。

（14）单击主菜单中的编辑菜单→选择图素不可见→拾取右边的曲面→右击，如图 3-35 所示。

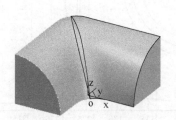

图 3-34　投影线裁剪曲面

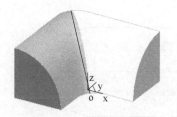

图 3-35　隐藏裁剪曲面

四、知识拓展

1. 边界面

边界面是指在由已知曲线围成的边界区域上生成的曲面，可通过单击"边界面"图标 激活该功能。

已知曲线必须是首尾相连的封闭环。

三边面是指用 3 条空间曲线作边界生成的曲面。

四边面是指用 5 条空间曲线生成的曲面。

【操作】

① 单击"造型",指向下拉菜单"曲面生成",单击"边界面",或单击边界面图标。

② 选择三边面或四边面。

③ 按提示拾取空间曲线,完成操作。

2. 投影线裁剪

投影线裁剪是将空间曲线沿给定的固定方向投影到曲面上,形成剪刀线来裁剪曲面。

【操作】

① 单击主菜单"造型",指向"曲面编辑",单击"曲面裁剪",或者直接单击按钮,出现立即菜单,选择"投影线裁剪"和"裁剪"方式。

② 拾取被裁剪的曲面(选择需保留的部分)。

③ 输入投影方向。按空格键,弹出矢量工具菜单。

④ 拾取剪刀线。拾取曲线,曲线变红,裁剪完成。

思考与练习

1. 按如图 3-36 所示给定的尺寸,用曲面造型方法生成鼠标三维图形。样条曲线型值点坐标为:(−70,0,20)、(−40,0,25)、(−20,0,30)、(35,0,15)。

2. 按如图 3-37 所示给定的尺寸,创建其曲面造型。

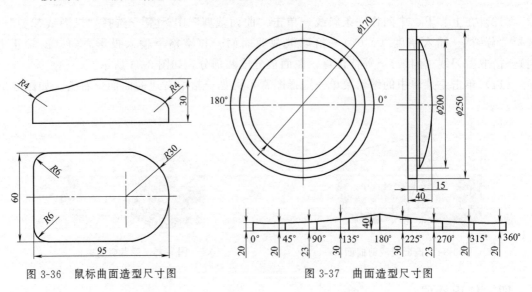

图 3-36 鼠标曲面造型尺寸图　　　　图 3-37 曲面造型尺寸图

任务七　吊钩三维曲面造型

一、任务导入

根据如图 3-38 所示给定的尺寸,用曲面造型方法生成吊钩三维模型图。

二、任务分析

从图 3-38 可以看出，该模型为吊钩曲面模型，先画图 3-38 所示的吊钩平面图，然后画图 3-39 所示吊钩各截面图，再通过旋转命令将各截面图旋转成与水平面成 90°，通过双截面双导动得到整体曲面造型，最后用曲面缝合命令将各曲面连成一体。本任务所选练习图形比较难，要综合运用曲面造型与曲面编辑知识才能完成。

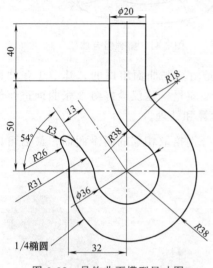

图 3-38 吊钩曲面模型尺寸图

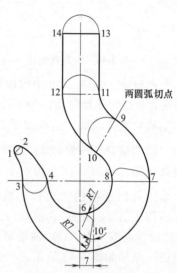

图 3-39 绘制吊钩轮廓线和截面线

三、造型步骤

（1）在 XOY 平面上绘制吊钩轮廓线和截面线，如图 3-38、图 3-39 所示，作图过程省略。

（2）按 F8 键进入轴测图状态，需要对如图 3-39 所示的 7 处截面线进行绕轴线旋转，使它们都能垂直于 XY 平面。需要注意的是，中段截面线 5-6 和截面线 7-8 在旋转前需要先用曲线组合命令将 3 段曲线组合成一条曲线。单击"旋转"按钮 🔧，钩头的圆弧 1-2 用拷贝方式旋转 90°，另 5 段采用移动方式旋转 90°，系统会提示拾取旋转轴的两个端点。提示旋转轴的指向（始点向终点）和旋转方向符合右手法则，6 段曲线旋转后的结果如图 3-40 所示。

（3）单击"平面旋转"按钮 🔧，选择复制方式，以原点为旋转中心，旋转 90°，拾取 5-6 曲线，在右侧方向生成另一中段截面线 7-8，如图 3-41 所示。

（4）对底面轮廓线进行曲线组合和生成断点。将如图 3-41 所示的 1、3 点之间的曲线组合成一条曲线，将 2、4 点间的曲线组合成一条曲线。然后单击"曲线打断"按钮 ✏，分别拾取要打断的曲线 5-9 和曲线 6-10，拾取点 5、7 和 6、8 断点。

（5）应用导动面命令，分别以截面线 1-2 和 3-4、3-4 和 5-6、5-6 和 7-8、7-8 和 9-10、9-10 和 11-12、11-12 和 13-14 为双截面线，以轮廓线 1-3 和 2-4、3-5 和 4-6、5-7 和 6-8、7-9 和 8-10、9-11 和 10-12、11-13 和 12-14 为双导动线，采用变高选项，生成两个双导动曲面。

应用导动面命令，以轮廓线 6-8、5-7 为双导动线，以截面线 5-6、7-8 为双截面线，采用等高选项，生成等高双导动曲面。用旋转面命令 🔔，过 1、2 点绘制一条直线作为旋转轴，旋转 90°，即可生成吊钩头部的球面。

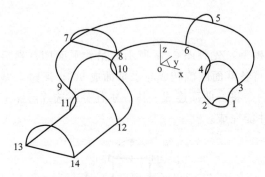

图 3-40　绘制截面线

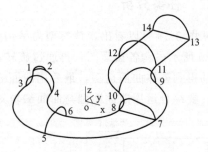

图 3-41　整理组合曲线

（6）曲面缝合。从图 3-40 中可以看出，吊钩模型是由 7 张曲面组成的，其中 1 张曲面是旋转球面，6 张为导动曲面，为了提高型面加工的表面质量，建议最好对 6 张曲面进行缝合操作，生成一整张曲面，这将便于后面的加工编程运算和处理。

单击"曲面缝合"按钮 ，选择平均切矢方式，分别拾取相邻的两个曲面，最后可以生成一整张曲面，如图 3-42 上面所示。

（7）单击几何变换的"镜像"按钮 （当前工作平面必须位于 XOY 平面），拾取位于 XOY 平面的 3 个点（建议预先在 OX、OY 轴绘制两条直线），拾取 7 张曲面，结果如图 3-42 所示。

四、知识拓展

曲面拼接面是曲面光滑连接的一种方式，它可以通过多个曲面的对应边界，生成一张曲面，与这些曲面光滑相接。

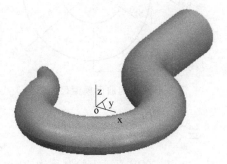

图 3-42　吊钩曲面模型

曲面拼接共有三种方式：两面拼接、三面拼接和四面拼接。

在许多物体的造型中，通过曲面生成、曲面过渡、曲面裁剪等工具生成物体的型面后，总会在一些区域留下一片空缺，我们称之为"洞"。曲面拼接就可以对这种情形进行"补洞"处理。

当遇到要把两个曲面从对应的边界处光滑连接时，用曲面过渡的方法无法实现，因为过渡面不一定通过两个原曲面的边界。这时就需要用到曲面拼接的功能，过曲面边界光滑连接曲面。

【操作】

① 单击主菜单"造型"，指向"曲面编辑"，单击"曲面拼接"，或者直接单击按钮。出现曲面拼接立即菜单。

② 选择两面拼接方式。

③ 根据状态栏提示完成操作。

作一曲面，使其连接三个给定曲面的指定对应边界，并在连接处保证光滑。

三个曲面在角点处两两相接，成为一个封闭区域，中间留下一个"洞"，三面拼接就能光滑拼接三张曲面及其边界而进行"补洞"处理。

【操作】

① 单击主菜单"造型"，指向"曲面编辑"，单击"曲面拼接"，或者直接单击按钮，出现曲面拼接立即菜单。

② 选择三面拼接方式。

③ 根据状态栏提示完成操作。

思考与练习

一、填空题

1. 曲面剪裁有（　　　）、（　　　）、（　　　）、（　　　）和（　　　）5 种方式。

2. 在曲面剪裁功能中，剪刀线与曲面边界线重合或相切时，可能得到（　　　　）的剪裁结果。

3. 曲面过渡共有（　　　　　）、（　　　　　　）、（　　　　　　）、（　　　　　　）、（　　　　）、系列面过渡和两线过渡七种方式。

4. CAXA 制造工程师提供的曲线编辑的方法主要包括（　　　　　）、（　　　　　）、（　　　　）、（　　　　）、（　　　　）、（　　　　）、（　　　　）和（　　　　）9 种。

二、判断题

1. 使用曲线裁剪功能，拾取被裁剪的曲面是不需要保留的部分。（　　）

2. 使用四面拼接时，要拼接的四个曲面必须在角点两两相交，要拼接的四个边界应该首尾相连，形成一连串的封闭曲线，围成一个封闭区域。（　　）

3. 平行导动是截面线沿导动线趋势始终平行它自身的移动而生成的曲面，截面线在运动过程中没有任何旋转。（　　）

4. 双导动线导动不支持等高导动和变高导动。（　　）

5. 如果旋转生成的是球面，而其上部分还是要被加工制造的，要作成四分之一的圆旋转 360°，否则法线方向不对，以后无法加工。（　　）

三、作图题

根据如图 3-43 所示二视图，绘制如图 3-44 所示可乐瓶底的曲面造型图。

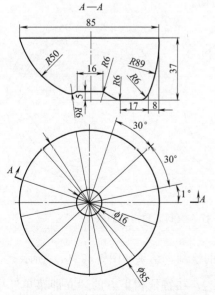

图 3-43　可乐瓶底曲面造型尺寸图

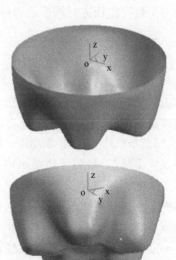

图 3-44　可乐瓶底曲面造型图

任务八　五角星曲面造型

一、任务导入

根据如图 3-45 所示的尺寸绘制五角星的曲面模型。五角星曲面线架显示如图 3-46 所示。

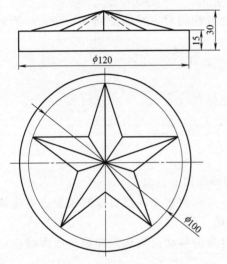

图 3-45　五角星曲面造型尺寸图

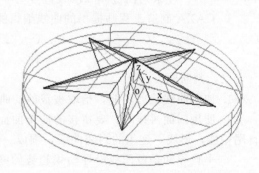

图 3-46　五角星曲面线架显示

二、任务分析

由图 3-46 可知五角星的形状主要是由多个空间面组成的，因此在构造实体时首先应使用空间曲线构造实体的空间线架，然后利用直纹面生成曲面，可以逐个生成，也可以将生成的一个角的曲面进行圆形均布阵列，最终生成所有的曲面。

三、造型步骤

（1）在"曲线"选项卡下，单击"圆"按钮，进入空间曲线绘制状态，在特征树下方的"立即菜单"中选择作圆方式"圆心点_半径"，然后按照提示用鼠标点取坐标系原点，也可以按回车键，在弹出的对话框内输入圆心点的坐标（0，0，0），半径 $R = 60$ 并确认，按回车键在弹出

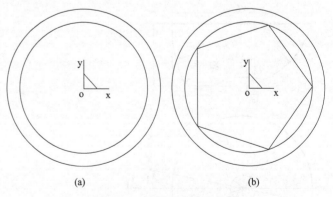

(a)　　　　　　　　(b)

图 3-47　绘制五角边形曲线

的对话框内输入半径为 50 并确认，然后右击结束该圆的绘制，结果如图 3-47（a）所示。

（2）在"曲线"选项卡下，单击"多边形"按钮，在特征树下方的"立即菜单"中

选择"中心"定位、边数 5 条回车确认、内接。按照系统提示拾取中心点，内接半径为 50。然后单击鼠标右键结束该五边形的绘制，如图 3-47（b）所示。

（3）在"曲线"选项卡下，单击"直线"按钮 ⁄，在特征树下方的"立即菜单"中选择"两点线""连续""非正交"，将五边形的各个角点连接，如图 3-48（a）所示。使用"删除"工具将多余的线段删除，单击 ⁄ 按钮，用鼠标直接点取多余的线段，拾取的线段会变成红色，右击确认。

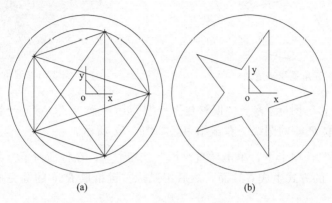

图 3-48　绘制五角星轮廓

（4）在"曲线"选项卡下，单击"曲线裁剪"按钮 ✂，在特征树下方的"立即菜单"中选择"快速裁剪""正常裁剪"方式，用鼠标点取剩余的线段就可以实现曲线裁剪，如图 3-48（b）所示。

（5）用鼠标单击曲面工具栏中的"平面"工具按钮 ▱，并在特征树下方的"立即菜单"中选择"裁剪平面"。用鼠标拾取平面的外轮廓线，然后确定链搜索方向（用鼠标点取箭头），系统会提示拾取第一个内轮廓线，用鼠标拾取五角星底边的一条线，单击鼠标右键确定，完成加工轮廓平面，如图 3-49 所示。

（6）在五角星的高度方向上找到一点（0，0，15），以便通过两点连线实现五角星的空间线架构造。使用曲线生成工具栏上的"直线"按钮 ⁄，在特征树下方的"立即菜单"中选择"两点线""连续""非正交"，用鼠标点取五角星的一个角点，然后按回车键，输入顶点坐标（0，0，15），同理，作五角星各个角点与顶点的连线，完成五角星的空间线架，如图 3-50 所示。

（7）通过直纹面生成曲面，生成其他各角的曲面。在生成其他曲面时，可以利用直纹面逐个生成曲面，也可以使用阵列功能对已有一个角的曲面进行圆形阵列来实现五角星的曲面构成。选择五角星的一个角为例，在

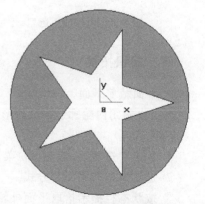

图 3-49　五角星轮廓平面

"曲面"选项卡下，用鼠标单击"直纹面"按钮 ⬜，在特征树下方的"立即菜单"中选择"曲线-曲线"的方式生成直纹面，然后用鼠标左键拾取该角相邻的两条直线完成曲面，如图 3-51 所示。

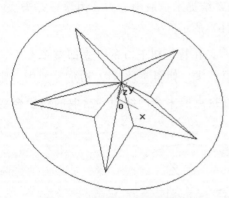

图 3-50 绘制五角星线架造型

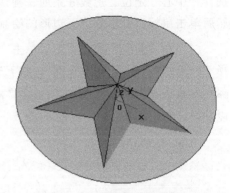

图 3-51 五角星曲面造型

（8）单击"平移"图标 →"偏移量"→"拷贝"→输入"DX" 0→输入"DY" 0→输入"DZ"-15。拾取 $R60$ 的圆线→右击结束，如图 3-52 所示。

（9）在"曲面"选项卡下，单击"直纹面"按钮 ，在特征树下方的"立即菜单"中选择"曲线-曲线"的方式生成直纹面，然后用鼠标左键拾取 $R60$ 的圆完成圆柱曲面，如图 3-53 所示。

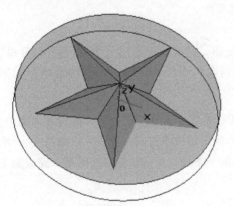

图 3-52 圆柱曲面造型

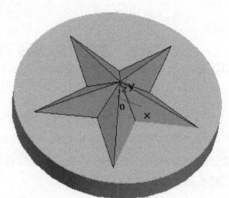

图 3-53 五角星曲面造型

四、知识拓展

1. 平面裁剪平面

是指由封闭内轮廓进行裁剪形成的有一个或多个边界的平面。

【操作】

① 单击"造型"，指向下拉菜单"曲面生成"，单击"平面"，或单击平面图标。

② 选择"裁剪平面"方式。

③ 按状态栏提示拾取平面外轮廓线，并确定链搜索方向。

④ 拾取内轮廓线，并确定链搜索方向，每拾取一个内轮廓线确定一次链搜索方向。

⑤ 拾取完毕，单击鼠标右键，完成操作。如有需要可删除已裁剪的内轮廓面。

2. 工具平面

生成与"平面 XOY""平面 YOZ""平面 ZOX"平行或成一定角度的平面。共有七种方式：*XOY* 平面、*YOZ* 平面、*ZOX* 平面、三点平面、矢量平面、曲线平面、平行平面。

【操作】

① 单击"造型"，指向下拉菜单"曲面生成"，单击"平面"，或单击平面图标。

② 选择"工具平面"方式，出现工具平面立即菜单。

③ 根据需要选择工具平面的不同方式。

④ 选择旋转轴，输入角度、长度和宽度。

⑤ 按状态栏提示完成操作。

思考与练习

1. 完成如图 3-54 所示五角星曲面造型。

2. 完成如图 3-55 所示形体的曲面造型。

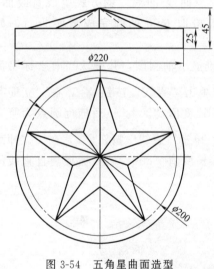

图 3-54　五角星曲面造型

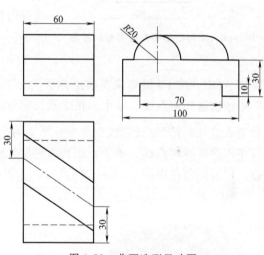

图 3-55　曲面造型尺寸图

任务九　面粉收集筒三维曲面造型

一、任务导入

通过创建如图 3-56 所示面粉收集筒三维曲面模型，掌握综合使用"直纹面""导动面""旋转面""镜像面"及"曲面裁剪"功能创建较复杂曲面模型的技能。

二、任务分析

从图 3-56 以看出，该集粉筒三维曲面模型下部为天圆地方，可用"平移"和"直纹面"来完成。中部为圆锥、圆柱，可用"旋转面"或"直纹面"来完成。上部偏管可用"旋转

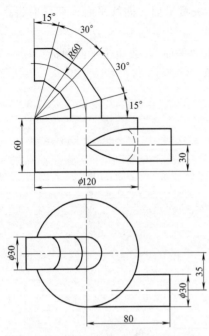

图 3-56　面粉收集筒曲面模型尺寸图

面""曲面裁剪""镜像"来完成造型。本任务所选集粉筒三维曲面模型比较难，关键是要由下往上分层作图，曲面裁剪时面裁剪容易作错。

三、造型步骤

（1）在"曲线"选项卡下，单击"整圆"按钮 ⊕，在"立即菜单"中选择"圆心_半径"方式，然后捕捉直线Ⅱ端点为圆心，输入半径值"60"，单击右键结束。

（2）单击"平移"图标 →"偏移量"→"拷贝"→输入"DX"0→输入"DY"0→输入"DZ"60。拾取 R60 的圆线→右击结束。单击曲面工具栏中的"直纹面"按钮，在特征树下方的"立即菜单"中选择"曲线-曲线"的方式生成直纹面，然后用鼠标左键拾取 R60 的圆完成圆柱曲面，如图 3-57 所示。

（3）按 F8 键显示轴测图，并确认当前坐标平面为平面 XOY，按 F9 键切换当前坐标平面为平面 YZ。单击"直线"按钮，在"立即菜单"中依次选择两点线、单个、正交及长度方式，输入长度值"30"。然后捕捉圆点为第一点作竖直直线。按 F9 键切换当前坐标平面为平面 XZ。单击"直线"按钮，在"立即菜单"中依次选择两点线、单个、正交及长度方式，输入长度值"80"。然后捕捉竖直直线的中点，即可绘制图中的 80mm 长的直线，如图 3-58 所示。

图 3-57　绘制圆柱体曲面

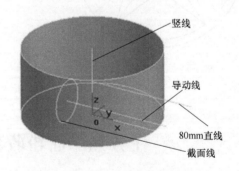

图 3-58　绘制偏管导动线

（4）单击"平移"图标 →"偏移量"→"拷贝"→输入"DX"0→输入"DY"-35→输入"DZ"0。拾取 80mm 直线→右击结束，生成导动线。按 F9 键切换当前坐标平面为平面 YZ。单击"整圆"按钮 ⊕，在"立即菜单"中选择"圆心_半径"方式，然后捕捉导动线端点为圆心，输入半径值"15"，单击右键结束，结果如图 3-58 所示。

（5）单击"导动面"图标 →平行导动。拾取导动线→拾取截面圆→右击结束，结果如图 3-59 所示。

（6）单击"整圆"按钮 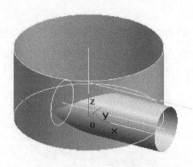，在"立即菜单"中选择"圆心＿半径"方式，然后捕捉圆心，作半径值为 15 的圆。单击"直纹面"按钮 ，在"立即菜单"中选择"曲线＋曲线"方式。然后按提示依次拾取圆曲线，则圆环形平面生成，如图 3-60 所示。

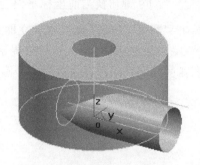

图 3-59　绘制圆柱体曲面　　　　　　　　　图 3-60　圆环形平面

（7）单击"直线"按钮 ，在"立即菜单"中依次选择"两点线""单个""正交"及"长度方式"，输入长度值"120"，然后捕捉 30mm 竖直直线的上端点，即可绘制图中所示的直线，如图 3-61 所示。按 F9 键切换当前坐标平面为平面 XZ。单击"直线"按钮 ，在"立即菜单"中依次选择"两点线""单个""正交"及"长度"方式，输入长度值"70"，然后捕捉 120mm 直线的中点为第一点，即可绘制一条竖直直线，作为旋转轴线。同样，捕捉相应点为第一点，完成另一条竖直直线的绘制，作为旋转母线，如图 3-61 所示。

（8）在"曲面"选项卡下，单击"旋转面"按钮 ，在"立即菜单"中分别输入起始角、终止角。然后按提示依次拾取旋转轴，单击箭头方向确认旋转方向，拾取母线，则（圆柱）旋转面生成，如图 3-61 所示。

（9）按 F9 键切换当前坐标平面为平面 XZ。

单击"直线"按钮 ，在"立即菜单"中选择"角等分线"、份数设置为 6、输入长度值"70"，然后捕捉两条直线，即可绘制如图 3-62 所示的角等分线，得到 15°斜线。

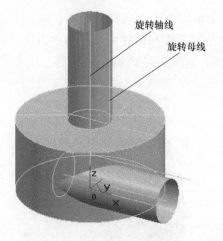
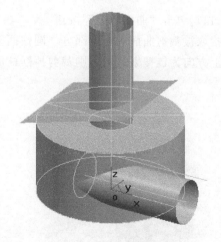

图 3-61　绘制圆柱体曲面　　　　　　　　　图 3-62　绘制剪裁曲面

（10）在"曲面"选项卡下，单击"扫描面"按钮 ，在"立即菜单"中输入扫描距离值 80，拾取图示的直线作扫描线，方向向右，按提示拾取截面曲线后，则扫描面生成，如图 3-62 所示。

（11）单击"曲面裁剪"按钮 ✂，在"立即菜单"中依次选择"面裁剪""裁剪"方式，按提示拾取被裁剪曲面的保留部分，拾取平面和圆柱面，再拾取向右上方向为链搜索方向，则裁剪掉圆柱面的上部，如图3-63所示。

（12）按F9键切换当前坐标平面为平面XZ。

单击"圆弧"按钮，在"立即菜单"中选择"圆心_半径_起终角"方式，输入起始角值0，终止角值"90"。然后按提示依次捕捉直线端点为圆心、直线中点为半径，完成一个圆弧的绘制。同样，完成另一个圆弧的绘制，如图3-64所示。

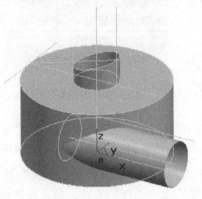
图 3-63　裁剪圆柱面

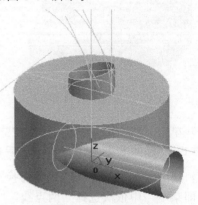
图 3-64　绘制曲线

单击"直线"按钮 ╱，在"立即菜单"中依次选择切线/法线、切线，输入长度值"50"，然后捕捉圆弧曲线，分别拾取30°斜线与圆弧交点（即两切点），即可绘制如图3-64所示的切线。

（13）单击"旋转面"按钮，在"立即菜单"中分别输入起始角、终止角。然后按提示依次拾取旋转轴，单击箭头方向确认旋转方向，拾取母线，则（圆柱）旋转面生成，如图3-65所示。单击"扫描面"按钮，在"立即菜单"中输入扫描距离值80，拾取图示的直线作扫描线，方向向右，按提示拾取截面曲线后，则扫描面生成，如图3-65所示。

（14）单击"曲面裁剪"按钮 ✂，在"立即菜单"中依次选择线裁剪、裁剪方式，按提示拾取被裁剪曲面的保留部分（圆柱面下部），拾取平面和圆柱的交线为剪刀线，再拾取向右上方向为链搜索方向，则裁剪掉圆柱面的上部，如图3-66所示。

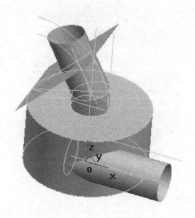
图 3-65　绘制剪裁面

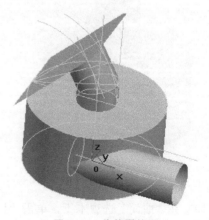
图 3-66　裁剪圆柱面

（15）单击"镜像"按钮 ，在"立即菜单"中选择"拷贝"，然后按提示拾取镜像平面上的第一点、第二点和第三点，再拾取要镜像的曲面，单击鼠标右键结束操作，如图3-67所示。隐藏剪切面，如图3-68所示。

（16）隐藏或删除作图过程中的曲线与平面，得到真实的曲面造型，如图3-69所示。放大显示顶部效果，检查作图结果。

图 3-67　镜像圆柱面

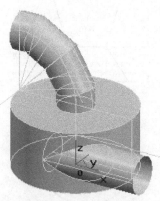
图 3-68　隐藏剪切面

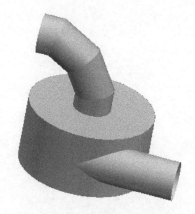
图 3-69　面粉收集筒曲面模型

四、知识拓展

1. 曲面裁剪

线裁剪：曲面上的曲线沿曲面法矢方向投影到曲面上，形成剪刀线来裁剪曲面。

【操作】

① 单击主菜单"造型"，指向"曲面编辑"，单击"曲面裁剪"，或者直接单击按钮，出现立即菜单，选择"线裁剪"和"裁剪"方式。

② 拾取被裁剪的曲面（选择需保留的部分）。

③ 拾取剪刀线。拾取曲线，曲线变红，裁剪完成。

2. 曲面延伸

把原曲面按所给长度沿相切的方向延伸出去，扩大曲面。延伸曲面有两种方式：长度延伸和比例延伸。

【操作】

① 单击"造型"，指向"曲面编辑"，单击"曲面延伸"或单击按钮，出现立即菜单。

② 在立即菜单中选择"长度延伸"或"比例延伸"方式，输入长度或比例值。

③ 状态栏中提示"拾取曲面"，单击曲面，延伸完成。

思考与练习

创建如图 3-70 所示的天圆地方的三维曲面造型。

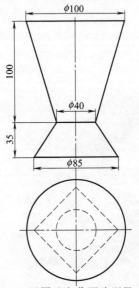

图 3-70   天圆地方曲面造型尺寸图

项目小结

本项目通过创建半圆弯头、吊钩、集粉筒等曲面模型的任务，主要学习曲面造型和编辑的方法，重点掌握直纹面、旋转面、扫描面、边界面、放样面、网格面、导动面、等距面、平面和实体表面、曲面裁剪、缝合及镜像等曲面生成编辑的方法，树立作图的空间思维概念。在创建"直纹面"时，要注意在同侧拾取截面线，否则就会形成交叉曲面。

项目实训

1. 创建如图 3-71 所示的五角星曲面造型，其中大五角星高度为 15mm。

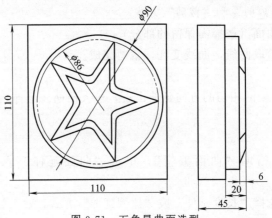

图 3-71   五角星曲面造型

2. 创建如图 3-72 所示的面粉收集筒三维曲面造型。

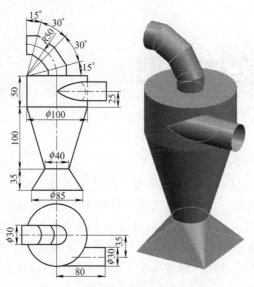

图 3-72 面粉收集筒三维曲面造型

3. 创建如图 3-73 所示的油盖三维曲面造型，图 3-74 为油盖三维曲面模型图。

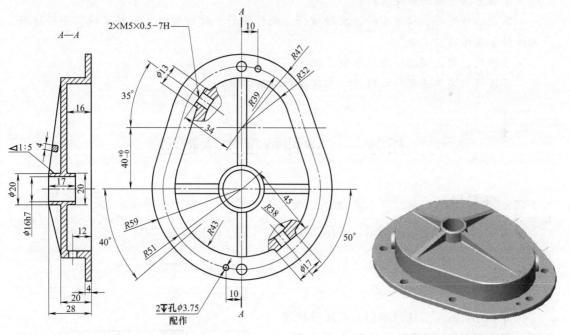

图 3-73 油盖曲面造型尺寸图　　　　　　　　图 3-74 油盖曲面模型图

项目四

实体造型

实体造型是 CAD/CAM 软件的发展趋势，CAXA 制造工程师软件具有丰富的"实体造型"功能，经过几次升级后，功能日臻完善、易用性更强，通过不断的上机实践，一定能在较短的时间内掌握 CAD/CAM 技术应用的精华。本项目主要学习 CAXA 制造工程师中拉伸增料、拉伸除料、旋转增料、旋转除料、放样增料、放样除料、导动增料、导动除料、打孔、倒角等实体造型和编辑功能。通过典型工作任务的学习，使读者快速掌握并熟练运用实体造型操作方法。

【技能目标】
· 掌握基准平面的构建方法。
· 掌握拉伸增料、拉伸除料、旋转增料、旋转除料、放样增料、放样除料、导动增料、导动除料等实体造型方法。
· 掌握孔、槽、型腔等特征造型方法。
· 灵活运用实体造型和编辑方法构建各种复杂立体。

任务一　拉伸特征实体造型

一、任务导入

图 4-1 所示是 X 形状的图形，求作其实体造型。

二、任务分析

图 4-1 所示是 X 形状的图形，正面形状较复杂，可选择"平面 XZ"作为基准面，然后双向拉伸，作图较简单。

三、造型步骤

（1）在"特征树"上拾取"平面 XZ"作为基准面。

（2）按 F2 键→按 F5 键→绘制如图 4-2 所

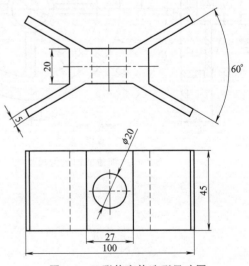

图 4-1　X 形体实体造型尺寸图

示的草图→按 F2 键，"特征树"上生成"草图 0"。

（3）按 F8 键，在"特征"选项卡下→单击"拉伸增料"图标 ▣ →"双向拉伸"→输入"深度"45。

（4）在"特征树"上拾取"草图 0"→单击"确定"按钮，生成实体→按 F8 键→结果如图 4-3 所示。

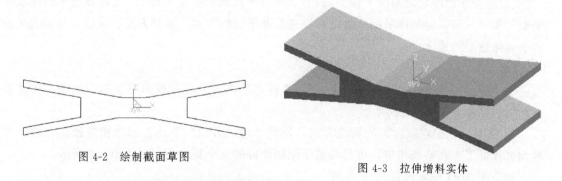

图 4-2　绘制截面草图

图 4-3　拉伸增料实体

（5）在"特征树"上拾取"平面 XY"作为基准面。

（6）按 F2 键→按 F5 键→绘制如图 4-4 所示 $R10$ 圆草图→按 F2 键，"特征树"上生成"草图 1"。

（7）按 F8 键→单击"拉伸除料"图标 ▣ →"贯穿"→在"特征树"上拾取"草图 1"→单击"确定"按钮，结果如图 4-5 所示。

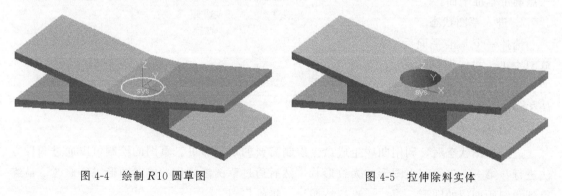

图 4-4　绘制 $R10$ 圆草图

图 4-5　拉伸除料实体

四、知识拓展

草图是特征实体生成所依赖的曲线组合，草图是为特征造型准备的 个平面封闭图形，草图绘制是特征实体造型的关键步骤。

1. 确定基准平面

草图必须依赖于一个基准面，开始绘制一个新草图前必须选择一个基准面。基准面可以是特征树中已有的坐标平面（如 XOY、XOZ、YOZ 坐标平面），也可以是实体表面的某个平面，还可以是构造出的平面。

2. 选择基准平面

实现选择很简单，只要用鼠标点取特征树中平面（包括三个坐标平面和构造的平面）的任何一个，或直接用鼠标点取已生成实体的某个平面就可以了。

3. 构造基准平面

【功能】

基准平面是草图和实体赖以生存的平面。在CAXA制造工程师2008中一共提供了"等距平面确定基准平面""过直线与平面成夹角确定基准平面""生成曲面上某点的切平面""过点且垂直于曲线确定基准平面""过点且平行平面确定基准平面""过点和直线确定基准平面"和"三点确定基准平面"等七种构造基准平面的方式，非常方便、灵活，从而大大提高了实体造型的速度。

【操作】

① 单击"造型"，指向"特征生成"，选择"基准面"命令或单击按钮，出现"构造基准面"对话框，如图4-6所示。

② 在对话框中点取所需的构造方式，依照"构造方法"下的提示做相应操作，这个基准面就作好了。在特征树中，可见新增了刚刚作好的这个基准平面，如图4-6所示。

构造平面的方法包括以下几种：等距平面确定基准平面，过直线与平面成夹角确定基准平面，生成曲面上某点的切平面，过点且垂直于直线确定基准平面，过点且平行平面确定基准平面，过点和直线确定基准平面，三点确定基准平面。

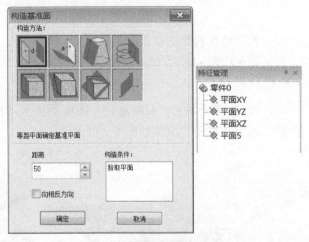

图4-6 "构造基准面"对话框

4. 进入草图状态

选择一个基准平面后，按下绘制草图按钮，在特征树中添加了一个草图树枝，表示已经处于草图状态，开始了一个新草图。

5. 草图绘制

进入草图状态后，利用曲线生成命令绘制需要的草图即可。草图的绘制可以通过两种方法进行：第一，先绘制出图形的大致形状，然后通过草图参数化功能对图形进行修改，最终得到我们所期望的图形。第二，直接按照尺寸精确作图。

6. 编辑草图

在草图状态下绘制的草图一般要进行编辑和修改。在草图状态下进行的编辑操作只与该草图相关，不能编辑其他草图曲线或空间曲线。

7. 草图参数化修改

在草图环境下，您可以任意绘制曲线，可以不考虑坐标和尺寸的约束。之后，您对绘制的草图标注尺寸，接下来您只需改变尺寸的数值，二维草图就会随着您给定的尺寸值而变化，达到您最终希望的精确形状，这就是草图参数化功能，也就是尺寸驱动功能。制造工程师还可以直接读取非参数化的EXB、DW、DWG等格式的图形文件，在草图中对其进行参数化重建。草图参数化修改适用于图形的几何关系保持不变，只对某一尺寸进行修改。

尺寸驱动模块中共有三个功能：尺寸标注、尺寸编辑和尺寸驱动。

8. 草图环检查

用来检查草图环是否封闭。当草图环封闭时，系统提示"草图不存在开口环"。当草图环不封闭时，系统提示"草图在标记处为开口状态"，并在草图中用红色的点标记出来。

【操作】

单击"造型"，单击"草图环检查"，或者直接单击按钮，系统弹出草图是否封闭的提示。

思考与练习

1. 图 4-7 所示是半径为 20 与 10 的圆图形，作深度等于 30 的拉伸增料操作。用"拉伸除料"方法生成的圆柱中间打个深度为 5、半径为 15 的沉孔。

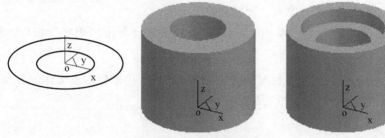

图 4-7 圆柱体实体造型

2. 根据图 4-8 所示的尺寸建立其三维实体造型。

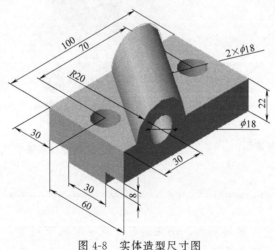

图 4-8 实体造型尺寸图

任务二 酒壶实体造型

一、任务导入

用"旋转增料"方法生成如图 4-9 所示的酒壶实体。

二、任务分析

图 4-9 所示的酒壶实体，周围是光滑曲面，中间有回转轴线，所以用旋转增料方式造型较好。

三、造型步骤

（1）在"特征树"上拾取"平面XZ"。

（2）按 F2 键→按 F5 键→绘制如图 4-10 所示的草图→按 F2 键，在"特征树"上生成"草图 0"。

（3）绘制如图 4-10 所示的与 Z 轴重合的回转轴线。

（4）按 F8 键，在"特征"选项卡下→单击"旋转增料"图标 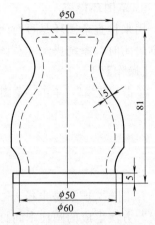→"单向旋转"→输入"旋转角度"360。

图 4-9　酒壶实体造型尺寸图

（5）在"特征树"上拾取"草图 0"→拾取回转轴线→单击"确定"按钮，结果如图 4-11 所示。

（6）单击过渡按钮 🔘，在半径对话框中填入 1，然后用鼠标拾取实体的各条线，然后单击"确定"，完成零件的过渡处理，结果如图 4-12 所示。

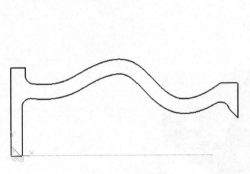

图 4-10　绘制草图

图 4-11　旋转增料实体

图 4-12　过渡实体

提示：

轴线不能和草图相交。旋转轴线，必须是已知在非草图绘制模式下绘制的直线，不能是在"草图绘制"状态下绘制的直线。如果想利用草图边界或实体棱边做旋转轴，必须将该棱边用"直线"功能的线架线方式（非"草图绘制"模式下）重新生成。旋转方向遵守右手法则。"反向旋转"选中或不选中，可以控制特征的旋转方向。

四、知识拓展

旋转增料和旋转除料：

【功能】通过围绕一条空间直线旋转一个或多个封闭轮廓，增加或移出一个特征生成新实体。

【操作】

① 输入命令，弹出旋转特征对话框。

② 选择旋转类型，填入角度，拾取草图和轴线，单击"确定"，完成操作。

思考与练习

1. 分别用拉伸、旋转、放样和导动等实体造型方法，生成重心在坐标原点、内半径20、外半径30、高度40的圆柱套筒，如图4-13所示。

2. 用"旋转增料""旋转除料"方法生成如图4-14所示的实体。

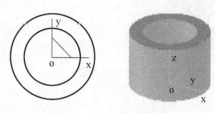

图4-13　圆柱套筒模型

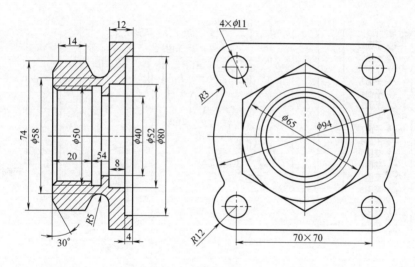

图4-14　花瓶实体造型

任务三　手柄实体造型

一、任务导入

创建如图4-15所示的手柄实体模型。

二、任务分析

从图4-15可以看出，该模型为椭圆外形且各截面大小不同，先建立各截面的基准平面，然后在各基准平面上绘草图，最后通过"放样增料""放样除料"完成实体造型。本任务所选练习图形比较简单，关键是要内外分层作图，基准平面建的多容易混淆。

图 4-15 手柄实体造型

三、造型步骤

（1）单击"基准面"图标 ◇ →在"构造基准面"对话框中选择"等距平面确定基准面"→输入"距离"30。

（2）在"特征树"上拾取"平面 XZ"→单击"确定"按钮，结果如图 4-16 所示。

（3）重复执行上述操作，构造其余几个相似的基准平面，各个平面之间的距离参数如表 4-1 所示。

（4）在"特征树"上拾取"平面 XZ"。

（5）按 F2 键→按 F5 键→绘制长半轴值 12、短半轴值 8、中心为坐标原点的椭圆草图→右键结束→按 F2 键，"特征树"上生成"草图 0"。

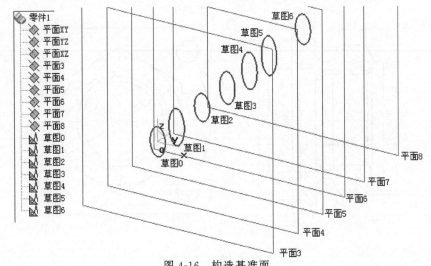

图 4-16 构造基准面

表 4-1 手柄放样数据表

草图特征	平面 XZ	平面 3	平面 4	平面 5	平面 6	平面 7	平面 8
平面距离	0	30	70	110	145	177	230
长半轴	12	16	11	13	16	16	12
短半轴	8	8	8	8	8	8	8

注：表中"平面距离"均以平面 XZ 为基准。

（6）右击"特征树"中的"平面 3"→选择"创建草图"选项。

（7）按 F5 键→绘制长半轴值 16、短半轴值 8、中心为坐标原点的椭圆草图→按右键结束→按 F2 键，"特征树"上生成"草图 1"。

（8）重复执行上两步操作，绘制划线锤手柄其他断面草图轮廓。各个断面草图参数如表 4-1 所示。

（9）按 F8 键，在"特征"选项卡下→单击"放样增料"图标 ◠ →依次拾取手柄的各截断面草图→单击"确定"按钮，结果如图 4-17 所示。

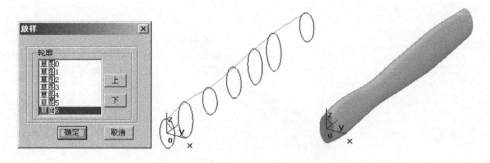

图 4-17　绘制截断面草图

（10）在"特征树"上拾取"平面 XZ"。

（11）按 F2 键→按 F5 键→绘图长半轴值 6、短半轴值 4、中心为坐标原点的椭圆草图→按右键结束→按 F2 键，"特征树"上生成"草图 7"。

（12）右击"特征树"中的"平面 3"→选择"创建草图"选项。

（13）按 F5 键→绘长半轴值 8、短半轴值 4、中心为坐标原点的椭圆草图→按右键结束→按 F2 键，"特征树"上生成"草图 8"。

（14）重复执行上两步操作，在其他平面上绘制划线锤手柄内孔的其他断面草图轮廓。各个截断面椭圆草图参数为各个断面草图参数，如表 4-2 所示。

表 4-2　手柄放样数据表

草图特征	平面 XZ	平面 3	平面 4	平面 5	平面 6	平面 7	平面 8
平面距离	0	30	70	110	145	177	230
长半轴	6	8	5.5	6.5	8	8	6
短半轴	4	4	4	4	4	4	4

（15）按 F8 键，在"特征"选项卡下→单击"放样除料"图标 →依次拾取手柄内孔的各截断面草图，如图 4-18 所示→单击"确定"按钮，结果如图 4-19 所示。

 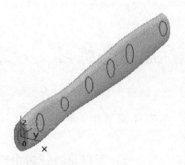 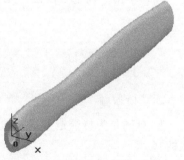

图 4-18　手柄内孔截断面草图　　　　　　　图 4-19　手柄零件实体造型

图 4-20 所示为剖开后的内部结构图。

四、知识拓展

1. 放样增料

放样增料是指用多个草图生成一个实体或去掉已有实体某些部分的操作，截面线应为草图轮廓。

图 4-20　手柄零件剖分图

【操作】

(1) 单击"放样增料"图标 。

(2) 依次拾取手柄的各截断面草图。

(3) 单击"确定"按钮，完成操作。

注意：

(1) 轮廓按照操作中的拾取顺序排列。

(2) 拾取轮廓时，要注意状态栏指示，拾取不同的边，不同的位置，会产生不同的结果。

2. 放样除料

放样除料是指用多个草图生成一个实体或去掉已有实体某些部分的操作，截面线应为草图轮廓。

【操作】

(1) 单击"放样除料"图标 。

(2) 依次拾取手柄内孔的各截断面草图。

(3) 单击"确定"按钮，完成操作。

思考与练习

一、填空题

1. 草图是为特征造型准备的，与实体模型相关联的（　　　　　），是特征生成赖以存在的（　　　　　）。

2. 草图必须依赖于一个（　　　　　），可以是特征树中已有的（　　　　　），也可以是实体表面的（　　　　　），还可以是（　　　　　）。

3. 在筋板特征操作中，草图形状可以是不封闭的，草图线具有（　　　　　）功能。

4. 基准平面是（　　　）和（　　　）赖以生存的平面，CAXA 制造工程师提供了（　　　）种构造基准面的方法。

5. 拉伸增料或除料是指对草图按给定的（　　　）、沿某个给定的（　　　）方向，（　　　）实体或（　　　）已有实体某些部分的操作。将一个轮廓曲线根据指定的距离做拉伸操作，用以生成一个增加材料的特征。

二、选择题

1. 只有在（　　　）状态下才能进行尺寸标注。

A. 线架造型　　　　　　B. 曲面造型　　　　　C. 草图　　　　D. 特征造型

2. 放样特征造型是根据（　　　）草图轮廓生成或去除一个实体。

A.1 个　　　　　　　　　　　　　B. 多个

3. 放样特征造型中，在拾取草图轮廓时，拾取不同的边、不同的位置，草图的对位结果（　　　）。

A. 会产生不同　　　　　　　　　　B. 一样

4. 在（　　　）状态下，才有曲线投影功能。

A. 草图　　　　　　　B. 非草图　　　　　C. 与草图无关

5. 只有在（　　　）状态下才能进行尺寸标注。

A. 线架造型　　　　　　B. 曲面造型　　　　　C. 草图　　　　D. 特征造型

三、作图题

1. 根据三视图（图 4-21）绘制其实体模型。

2. 按照如图 4-22 所示给定的尺寸进行实体造型。

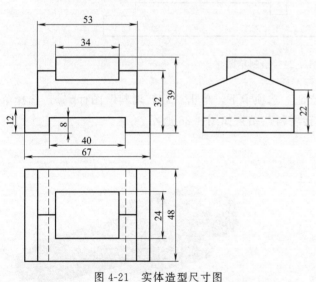

图 4-21　实体造型尺寸图

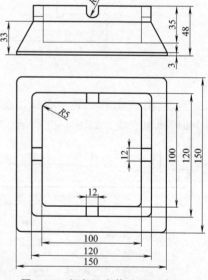

图 4-22　烟灰缸实体造型尺寸图

任务四　螺杆实体造型

一、任务导入

创建如图 4-23 所示的螺杆实体模型。

二、任务分析

从图 4-23 可以看出，该模型为螺杆，有回转轴，先用"旋转增料"方式创建螺杆实体，

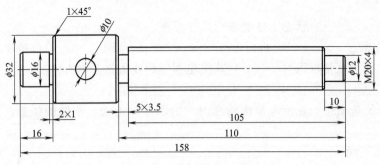

图 4-23　螺杆实体尺寸图

然后用公式曲线建立螺纹导动线，建立基准平面，然后在基准平面上绘草图，最后通过"导动除料"完成实体造型。本任务要正确理解和设置公式曲线中的有关参数。

三、造型步骤

（1）在"特征树"上拾取"平面 XY"，按 F2 键，绘制如图 4-24 所示的草图。

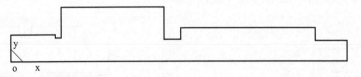

图 4-24　绘制草图

（2）沿 X 轴作回转中心线，在"特征"选项卡下，单击"旋转增料"图标 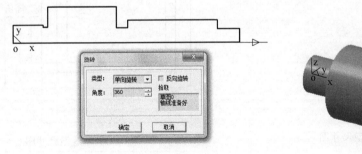 ，选择草图和回转中心线，如图 4-25 所示。"旋转增料"结果如图 4-26 所示。

图 4-25　旋转增料操作

图 4-26　旋转增料实体

（3）单击"倒角"图标 ，拾取要倒斜角的线，如图 4-27 所示。最后结果如图 4-28 所示。

（4）在"特征树"上拾取"平面 XZ"，按 F2 键，再按 F5 键，绘制如图 4-29 所示的草图。单击"拉伸除料"图标 →"贯通"，结果如图 4-30 所示。

（5）单击"公式曲线"图标 →在弹出的"公式曲线"对话框中选择"直角坐标系"→输入"参变量名"t→"弧度"→输入"起始值"0→输入"终止值"150.72→输入"X（t）"公式 10＊cos（t）→输入"Y（t）"公式 10＊sin（t）→输入"Z（t）"公式 4＊t/6.28，如图 4-31 所示。

图 4-28   倒角过渡实体

图 4-27   倒角过渡操作

图 4-30   拉伸除料实体

图 4-29   绘制草图

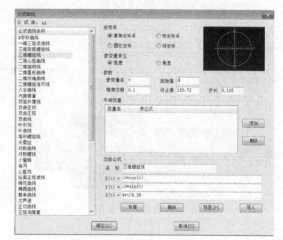

图 4-31   公式曲线参数设置

（6）拾取坐标原点，生成如图 4-32 所示的三维螺旋曲线。单击"曲线打断"图标，打断删除多余的三维螺旋曲线，如图 4-33 所示。

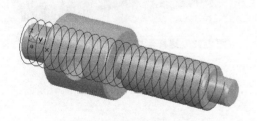

图 4-32   绘制螺旋曲线

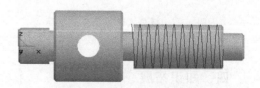

图 4-33   删除多余螺旋曲线

（7）单击"构建基准面"图标 ◈ →"过点且垂直于曲线"→拾取曲线，拾取曲线上的点，如图 4-34 所示，单击"确定"按钮，构建基准面 1。

（8）单击构建的基准面 1，按 F2 键，再按 F5 键，绘制如图 4-35 所示的螺纹牙型草图。

按 F2 键→单击"导动除料"图标 ![icon] →"固接导动"，在"特征树"上拾取"草图 2"→拾取螺旋曲线→单击"确定"按钮，结果如图 4-36 所示。按 F8 键，消隐显示如图 4-37 所示，真实感显示如图 4-38 所示。

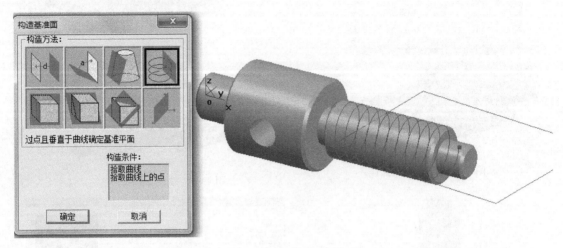

图 4-34　构建基准面

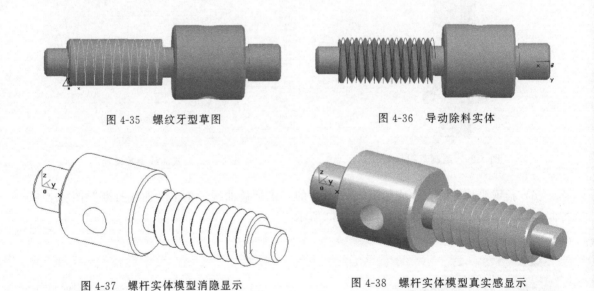

图 4-35　螺纹牙型草图　　　　　　　　图 4-36　导动除料实体

图 4-37　螺杆实体模型消隐显示　　　　图 4-38　螺杆实体模型真实感显示

四、知识拓展

轴类零件是应用最为广泛的机械零件之一，是组成部件和机器的重要零件，是回转运动的传动零件，在工业中经常采用，我们通常采用的齿轮、带轮等零件都需要安装在轴上才能传递动力和运动。

轴是用于支撑回转零件及传递运动和动力的重要零件。轴的基本结构类似，通常由实心或空心圆柱构成，包含键槽、安装连接用螺纹或螺孔和定位用的销孔、防应力集中的圆角等，如图 4-39 所示。

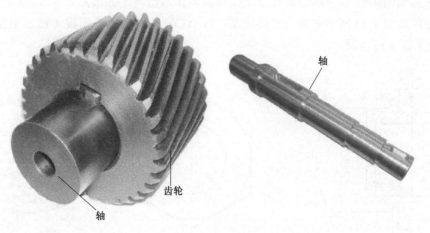

图 4-39　轴类零件

　　轴类零件一般为回转式，有空心轴和实心轴两种，如图 4-40 所示，轴类零件多为中心对称结构，多数均可通过草图截面通过旋转生成实体的方法造型，轴上的键槽可以通过拉伸除料的方法造型。

　　在阶梯轴的造型问题上，推荐采用草图加旋转增料的方式造型，这种方法非常直观，并且对于后期修改尺寸和形状非常方便。

图 4-40　阶梯轴零件

思考与练习

1. 按照图 4-41，在软件中进行简易齿轮轴的实体造型。

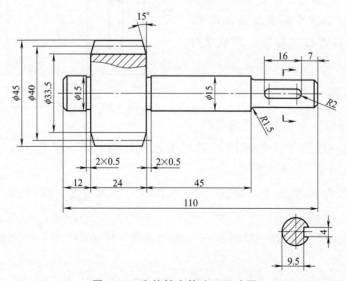

图 4-41　齿轮轴实体造型尺寸图

2. 按照如图 4-42 所示给定的尺寸，作压盖实体造型高 15mm。

3. 创建如图 4-43 所示的弹簧实体模型。在 *XOY* 平面上生成回转 4 圈、半径 15、螺距 10、截面半径 2 的弹簧。

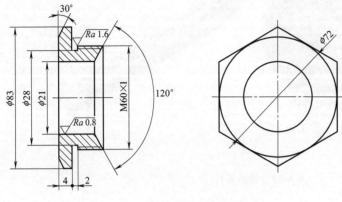

图 4-42　压盖实体造型尺寸图

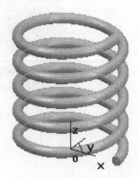

图 4-43　弹簧实体造型

任务五　筋板类零件实体造型

一、任务导入

创建如图 4-44 所示的筋板类实体模型。通过该实体造型的练习，初步学习筋板类零件实体造型的方法，掌握实体造型的操作技能。

二、任务分析

从图 4-44 可以看出，该模型为筋板实体模型，完成基本造型后，建立筋板截面的基准平面，然后在基准平面上绘筋板草图，草图不封闭，最后通过"筋板"完成实体造型。

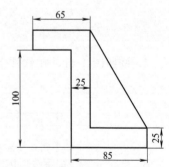

图 4-44　筋板类零件实体造型尺寸图

三、造型步骤

（1）在"特征树"上拾取"平面 XZ"。

（2）按 F2 键→按 F5 键→按如图 4-45（a）所示绘制草图→按 F2 键，生成"草图 2"→按 F8 键，结果如图 4-45（b）所示。

（3）在"特征"选项卡下，单击"拉伸增料"图标 📊→"双向拉伸"→输入"深度"65。

（4）在"特征树"上拾取"草图 2"→单击"确定"按钮，生成一个实体→按 F8 键→结果如图 4-46 所示。

（5）单击"相贯线"图标 💠→选择"实体边界"→拾取实体边界→作边界线。

（6）单击"直线"图标 ✎ →"两点线"→"连续"→"非正交"→"点方式"。

（7）拾取边界线中点，作一条斜线→右击结束，结果如图 4-47 所示。

（8）单击"筋板"图标 ◢ →"双向加厚"→输入"厚度"14，如图 4-48 所示。

（9）在"特征树"上拾取"草图 5"→单击"确定"按钮，结果如图 4-48 所示。

（10）单击"删除"图标 ✎ →删除不必要的线，结果如图 4-49 所示。

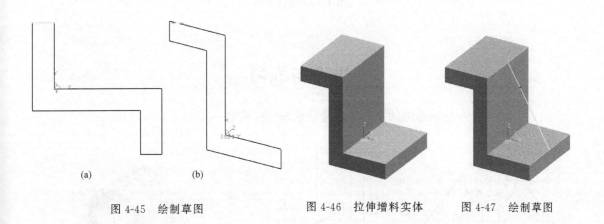

(a)　　　　　(b)

图 4-45　绘制草图　　　　　图 4-46　拉伸增料实体　　　图 4-47　绘制草图

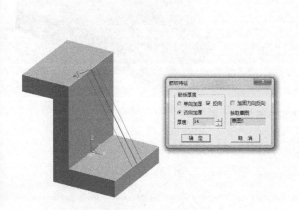

图 4-48　筋板操作

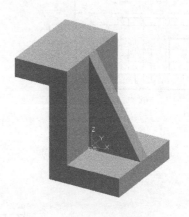

图 4-49　筋板零件实体造型

四、知识拓展

筋板：在指定位置增加加强筋。

【操作】

① 输入命令，弹出"筋板特征"对话框，如图 4-50 所示。

② 选择筋板加厚方式，填入厚度，拾取草图，单击"确定"按钮完成操作。

筋板有"单向加厚"和"双向加厚"两种方式。单向加厚是指按照固定的方向和厚度生成实体。双向加厚是指按照相反的方向生成给定厚度的实体。

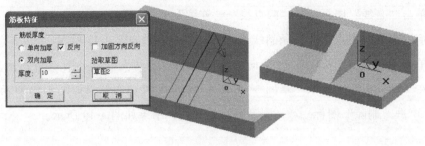

图 4-50　筋板操作

思考与练习

1. 按如图 4-51 所示给定的尺寸，创建轴承座实体造型。

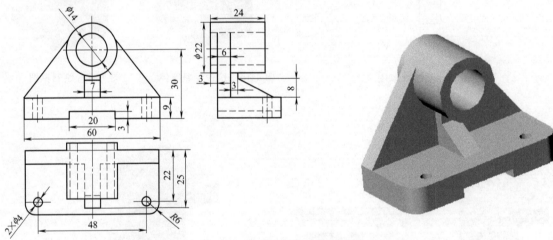

图 4-51　轴承座实体造型尺寸图

2. 按如图 4-52 所示给定的尺寸，用实体造型方法生成三维图。

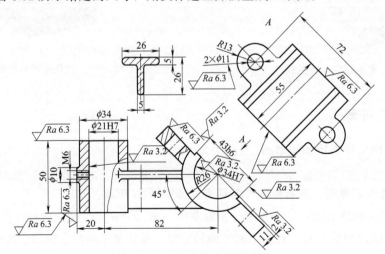

图 4-52　支架实体造型尺寸图

3. 按如图 4-53 所示给定的尺寸，创建实体造型。

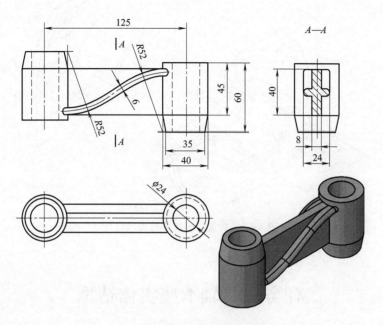

图 4-53 连杆实体造型尺寸图

4. 按如图 4-54 所示给定的尺寸，创建端盖实体造型。

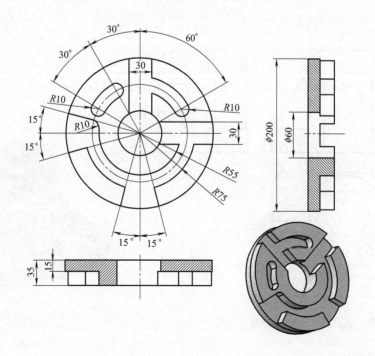

图 4-54 端盖实体造型尺寸图

5. 按如图 4-55 所示给定的尺寸，创建端盖剖分实体造型。

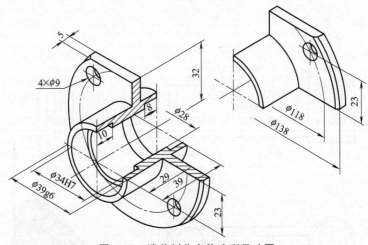

图 4-55　端盖剖分实体造型尺寸图

任务六　轴承座实体造型

一、任务导入

根据如图 4-56 三视图所示尺寸，完成零件的三维实体造型，如图 4-57 所示，并作半剖造型。

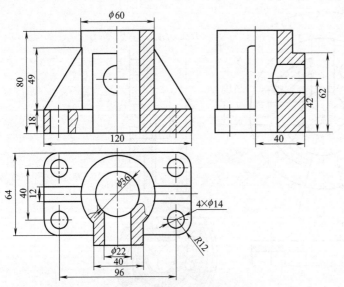

图 4-56　轴承座实体造型尺寸图

图 4-57　轴承座实体造型

二、任务分析

轴承座由底板、圆柱、筋板和长方体组成，先作底板，后作圆柱体，分步造型组合而成。

三、造型步骤

（1）在"特征树"上拾取"平面XY"。

（2）按F2键→按F5键→按如图4-56所示绘制底板草图→按F2键，生成"草图0"→按F8键，结果如图4-58所示。

（3）在"特征"选项卡下，单击"拉伸增料"图标 → "单向拉伸"→输入"深度"18。

（4）在"特征树"上拾取"草图0"→单击"确定"按钮，生成一个实体→按F8键→结果如图4-59所示。

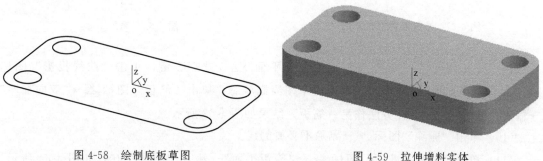

图4-58　绘制底板草图　　　　　　　　　图4-59　拉伸增料实体

（5）单击底板上表面，按F2键，绘制ϕ60的圆，按F2键退出草图绘制状态，生成"草图2"。单击"拉伸增料"图标 → "单向拉伸"→输入"深度"62，结果如图4-60所示。

（6）单击圆柱上平面，按F2键，绘制ϕ22的圆，按F2键退出草图绘制状态，生成"草图1"。单击"拉伸除料"图标 → "贯通"，结果如图4-61所示。

图4-60　拉伸增料实体　　　　　　　　　图4-61　拉伸除料实体

（7）单击"相贯线"图标 →选择"实体边界"→拾取实体边界→作边界线。

（8）按F7键，以据尺寸绘制如图4-62所示的定位线和筋板斜线。

图 4-62 绘制筋板斜线草图　　　　　　　　　图 4-63 筋板实体

（9）按 F8 键，在"特征树"上拾取"平面 XZ"，按 F2 键，单击"曲线投影"图标→单击一条筋板斜线，按 F2 键退出草图绘制状态，单击"筋板"图标→"双向加厚"→输入"厚度"12，同样方法作另一筋板，结果如图 4-63 所示。

（10）单击"删除"图标→删除不必要的线。

（11）单击"构建基准面"图标→"等距平面"→输入"距离"40，如图 4-64 所示，→单击"确定"按钮，构建基准面 1，如图 4-65 所示。

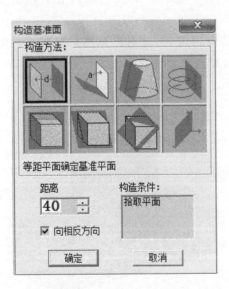
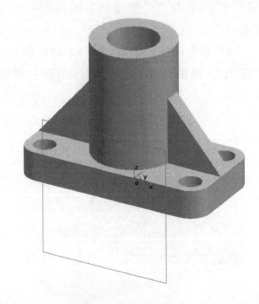

图 4-64 构建基准面对话框　　　　　　　　　图 4-65 构建基准面

（12）单击构建基准面 1，按 F2 键，按 F5 键，绘制草图，按 F2 键退出草图绘制状态，结果如图 4-66 所示。单击"拉伸增料"图标→"拉伸到面"→单击圆柱体外表面，结果如图 4-67 所示。

（13）单击构建基准面 1，按 F2 键，按 F5 键，绘制圆草图，按 F2 键退出草图绘制状态，结果如图 4-68 所示。单击"拉伸除料"图标，→"拉伸到面"→单击圆柱体内表面，结果如图 4-69 所示。

（14）过圆柱体中心，绘制一条 100mm 长的竖直直线。单击"扫描面"图标，设置扫描距离，如图 4-70 所示。按"空格"键，选择"Y 轴负方向"，另一面选择"X 轴正方向"，结果如图 4-71 所示。

（15）单击"分模"图标，选择"曲面分模"，如图 4-72 所示。单击两扫描面，结果如图 4-73 所示。

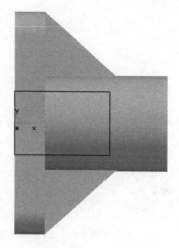

图 4-66　绘制草图

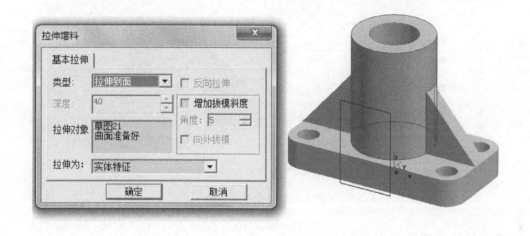

图 4-67　拉伸增料操作

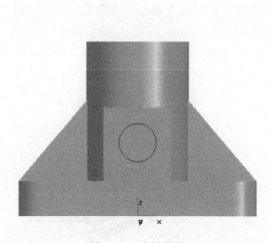

图 4-68　绘制草图

图 4-69　轴承座实体造型

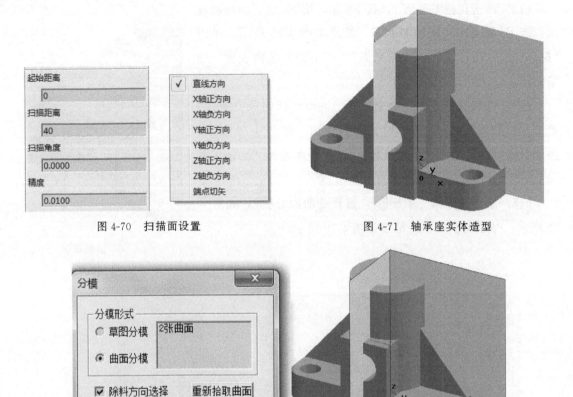

图 4-70　扫描面设置　　　　　　　　　　　　　图 4-71　轴承座实体造型

图 4-72　曲面分模操作

四、知识拓展

　　轴承座类零件主要用于支撑轴和轴上零件，从而为轴的旋转提供稳固可靠的基础。轴承分为滑动轴承和滚动轴承两大类，轴承可以起到减少转轴和支撑体之间的摩擦和磨损。如图 4-74 所示滑动轴承座，通常用于在高速、重载的情况下，例如在离心式压缩机、大型电机、水泥搅拌机、破碎机等设备。

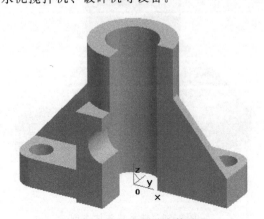

图 4-73　轴承座剖分实体造型

图 4-74　轴承座类零件

　　轴承座类零件一般由轴承座底座、轴承孔、支撑板和筋板以及固定孔和润滑孔组成，轴承座类零件多为支撑板和筋板支撑起来的轴承座孔，底座带固定孔的结构布局，可根据具体情况考虑采用多次拉伸增料的方法，从基础轮廓开始生成实体，然后灵活应用拉伸增料等指令，最终完成整个造型。

　　抽壳：

　　【功能】根据指定壳体的厚度将实心物体抽成内空的、壁厚均匀的薄壳体。

　　【操作】

　　① 输入命令，弹出"抽壳"对诘框，如图 4-75 所示。

　　② 输入抽壳厚度，选择需抽去的面，单击"确定"按钮完成操作。

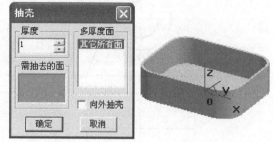

图 4-75　"抽壳"对话框

　　抽壳可以是等壁厚，也可以是不等壁厚。厚度是指抽壳后实体的壁厚。需抽去的面是指要拾取，去除材料的实体表面，如图 4-76 所示。

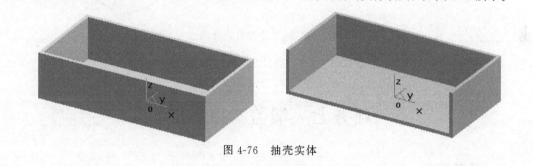

图 4-76　抽壳实体

思考与练习

1. 按如图 4-77 所示给定的尺寸，用实体造型方法生成三维图。

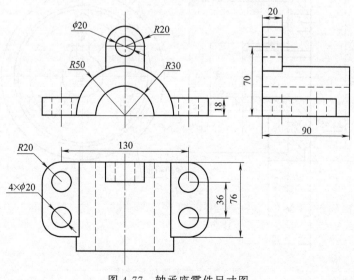

图 4-77　轴承座零件尺寸图

2. 按照如图 4-78 所示三视图给定的尺寸，创建实体造型。

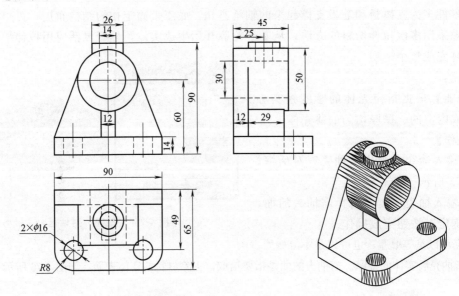

图 4-78　轴承座零件尺寸图

任务七　端盖实体造型

一、任务导入

已知图 4-79 所示端盖三视图给定的尺寸，创建其实体造型。

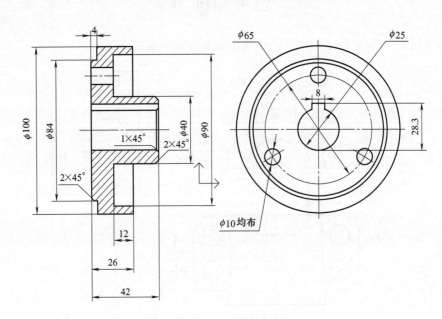

图 4-79　端盖零件尺寸图

二、任务分析

盘盖类零件一般由盘盖主体、结构孔、工艺孔组成，盘盖类零件多为中心对称结构，可根据具体情况考虑采用草图截面通过旋转生成实体的方法，或者通过非回转的拉伸增料和拉伸除料的方法构成实体，如图 4-80 所示。

经过阅读图纸，我们可以分析出端盖的主要构成，如图 4-81 所示。

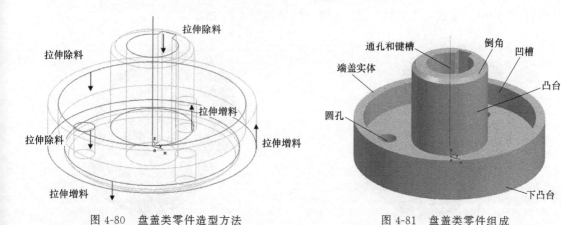

图 4-80 盘盖类零件造型方法　　　　图 4-81 盘盖类零件组成

三、造型步骤

（1）在"特征树"上拾取"平面 XZ"。

（2）按 F2 键→按 F5 键→绘制 $R42$ 的圆草图→按 F2 键，生成"草图 0"→单击"拉伸增料"图标 →"单向拉伸"→输入"深度"4。

（3）在"特征树"上拾取"草图 0"→单击"确定"按钮，生成一个实体→按 F8 键→结果如图 4-82 所示。

（4）单击 $R42$ 的圆柱体右面，按 F2 键→按 F5 键→绘制 $R50$ 的圆草图→按 F2 键，生成"草图 1"→单击"拉伸增料"图标 →"单向拉伸"→输入"深度"22，在"特征树"上拾取"草图 1"→单击"确定"按钮，生成一个实体→按 F8 键→结果如图 4-83 所示。

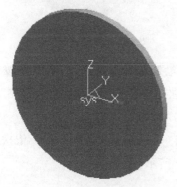　

图 4-82 拉伸增料圆柱实体　　　　图 4-83 拉伸增料实体

（5）单击 $R50$ 的圆柱体右面，按 F2 键→按 F5 键→绘制 $R45$ 的圆草图→按 F2 键，生成"草图 2"→单击"拉伸除料"图标 →"单向拉伸"→输入"深度"12，在"特征树"

上拾取"草图2"→单击"确定"按钮,生成一个实体→按 F8 键→结果如图 4-84 所示。

(6)单击 R45 的圆柱型腔右面,按 F2 键→按 F5 键→绘制 R20 的圆草图→按 F2 键,生成"草图3"→单击"拉伸增料"图标 ▣ →"单向拉伸"→输入"深度"28,在"特征树"上拾取"草图3"→单击"确定"按钮,生成一个实体→按 F8 键→结果如图 4-85 所示。

(7)单击 R20 的圆柱右面,按 F2 键→按 F5 键→绘制如图 4-86 所示草图→按 F2 键,生成"草图4"→单击"拉伸除料"图标 ▣ →"贯穿"→在"特征树"上拾取"草图4"→单击"确定"按钮,生成一个实体→按 F8 键→结果如图 4-87 所示。

图 4-84 拉伸除料实体

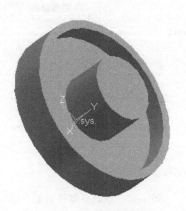

图 4-85 拉伸增料实体

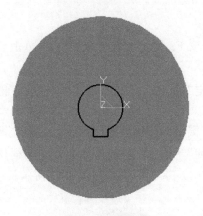

图 4-86 绘制草图

图 4-87 拉伸除料实体

(8)单击 R42 的圆柱左面,按 F2 键→按 F5 键→绘制如图 4-88 所示草图→按 F2 键,生成"草图5"→单击"拉伸增料"图标 ▣ →"贯穿"→在"特征树"上拾取"草图5"→单击"确定"按钮,生成一个实体→按 F8 键→结果如图 4-89 所示。

(9)按 F8 键→单击"倒角"图标 ▣ →输入"距离"2→输入"角度"45,依次拾取要倒角的表面上棱边→单击"确定"按钮,结果如图 4-90 所示。

四、知识拓展

盘类零件主要起到传递动力和固定作用,法兰俗称法兰片或法兰盘,是管道、容器或其他结构中作可拆连接时最常用的重要零件,端盖是产品的密封和支承以及轴向定位的重要零件，在电机、减速器等产品中起到非常关键的作用，图 4-91 所示是法兰盘在球阀的结构中的一个典型应用。

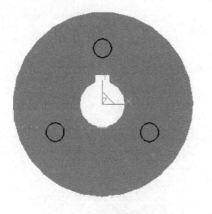

图 4-88 绘制小圆草图

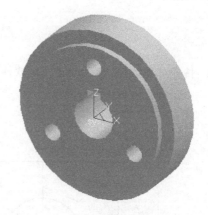

图 4-89 拉伸除料实体

图 4-90 倒角过渡实体

阀体

端盖实体

端盖

图 4-91 盘类零件举例

法兰是一种盘状零件，凡是在两个平面在周边使用螺栓连接同时封闭的连接零件，一般都称为"法兰"。

盘盖类零件造型是经常可以看到的结构形体，实际应用中的一些尺寸较大端盖在切削加工过程前，为节省材料，会采用铸造毛坯后进行切削加工的方法，考虑到铸造加工的特殊性，零件特征需要做出一些调整，增加拔模斜度就是一个非常重要的环节。

思考与练习

1. 按照如图 4-92 所示尺寸，在软件中进行端盖的实体造型。

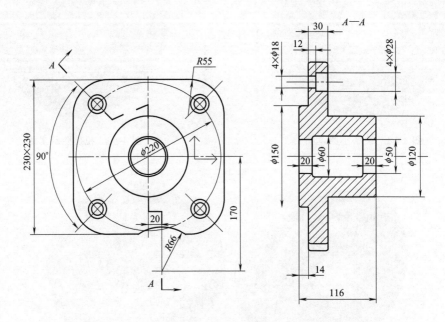

技术要求：

1.未注倒角为2×45°；

2.未注圆角为R3。

图 4-92　端盖实体造型尺寸图

2. 按照如图 4-93 所示尺寸，在软件中进行手柄实体造型。

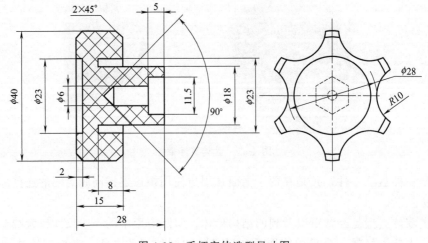

图 4-93　手柄实体造型尺寸图

3. 按照如图 4-94 所示尺寸, 在软件中进行齿轮实体造型, 类似实体如图 4-95 所示。

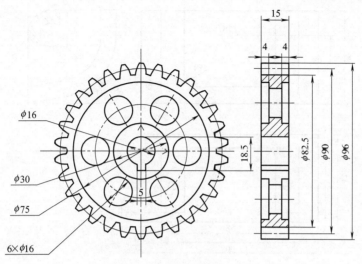

图 4-94　齿轮实体造型尺寸图

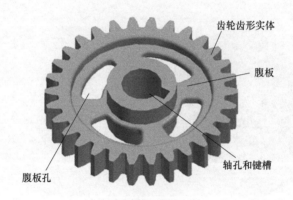

图 4-95　齿轮实体模型

任务八　吊耳实体造型

一、任务导入

绘制吊耳实体造型, 如图 4-96 所示。

二、任务分析

吊耳的外轮廓是规则的曲面, 因此在造型时使用拉伸增料和除料 (双向、深度以及贯穿) 来实现, 最后使用过渡对实体棱线进行过渡处理完成吊耳实体造型, 如图 4-97 所示。

三、造型步骤

(1) 在"特征树"上拾取"平面 XZ"作为基准面。

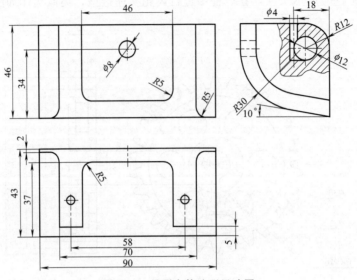

图 4-96　吊耳实体造型尺寸图

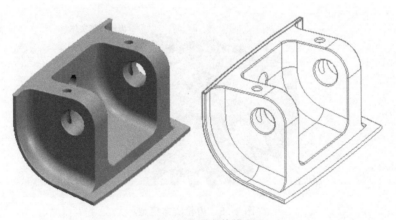

图 4-97　吊耳实体模型

（2）按 F2 键→按 F5 键→按尺寸绘制如图 4-98 所示的截面草图→按 F2 键，"特征树"上生成"草图 0"。

（3）按 F8 键，在"特征"选项卡下，→单击"拉伸增料"图标 →"双向拉伸"→输入"深度"90。

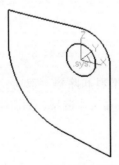

图 4-98　绘制截面草图

图 4-99　拉伸增料实体

（4）在"特征树"上拾取"草图 0"→单击"确定"按钮，生成实体→按 F8 键→结果如图 4-99 所示。

（5）在"特征树"上拾取"平面 XZ"作为基准面。

（6）按 F2 键→按 F5 键→单击"曲线投影"图标，拾取图 4-99 侧面轮廓，通过等距 6 得到图 4-100 的截面草图→按 F2 键，"特征树"上生成"草图 1"。

（7）按 F8 键，在"特征"选项卡下，→单击"拉伸除料"图标 ▦ →"双向拉伸"→输入"深度"46。

（8）在"特征树"上拾取"草图 1"→单击"确定"按钮，生成实体→按 F8 键→结果如图 4-101 所示。

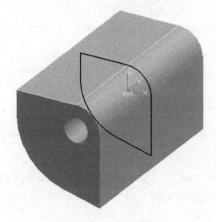

图 4-100 绘制截面草图

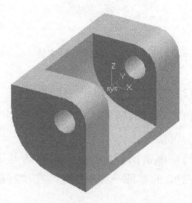

图 4-101 拉伸除料实体

（9）单击图 4-101 左侧面作为基准面，按 F2 键→按 F5 键→单击"曲线投影"图标 ▦ ，拾取图 4-101 左侧面轮廓，通过等距 2 得到图 4-102 的截面草图→按 F2 键，在"特征树"上生成"草图 2"。

（10）按 F8 键→单击"拉伸除料"图标 ▦ →"双向拉伸"→输入"深度"10。

（11）在"特征树"上拾取"草图 2"→单击"确定"按钮，生成实体→按 F8 键→结果如图 4-103 所示。同样方法作右侧面除料操作，结果如图 4-104 所示。

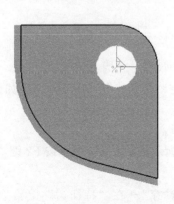

图 4-102 绘制截面草图

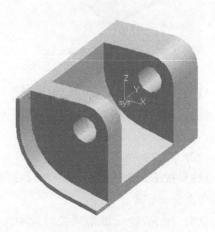

图 4-103 拉伸除料实体

（12）单击图 4-104 前面作为基准面，按 F2 键→按 F5 键→单击"曲线投影"图标 ，拾取图 4-104 前面轮廓，得到图 4-105 所示的截面草图→按 F2 键，"特征树"上生成"草图 3"。

图 4-104　拉伸除料实体

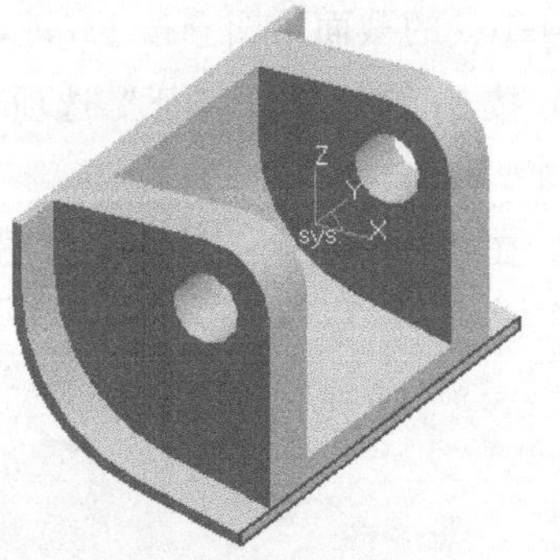

图 4-105　绘制草图

（13）按 F8 键→单击"拉伸增料"图标 →"单向拉伸"→输入"深度"5。

（14）在"特征树"上拾取"草图 3"→单击"确定"按钮，生成实体→按 F8 键→结果如图 4-106 所示。

（15）单击图 4-106 上表面作为基准面，按 F2 键→按 F5 键→绘制两个小 R2 的圆，得到图 4-107 的草图→按 F2 键，在"特征树"上生成"草图 4"。

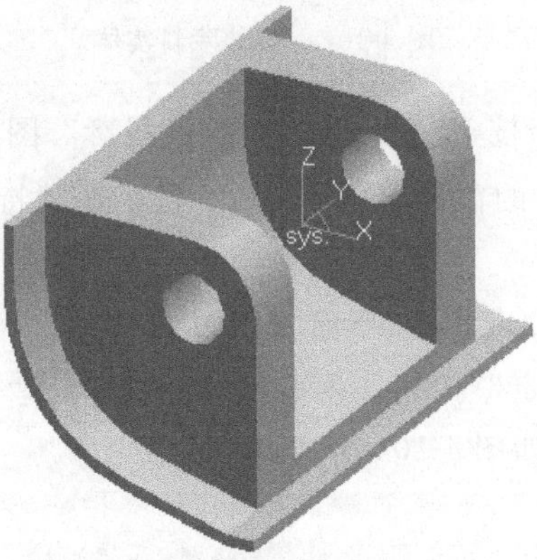

图 4-106　拉伸增料实体

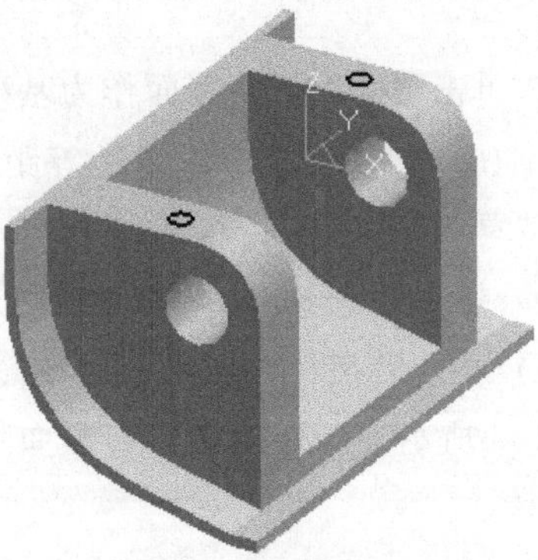

图 4-107　绘制小孔草图

（16）按 F8 键→单击"拉伸增料"图标 →"单向拉伸"→输入"深度"18。

（17）在"特征树"上拾取"草图 4"→单击"确定"按钮→按 F8 键→结果如图 4-108 所示。

（18）在"特征树"上拾取"平面 YZ"作为基准面。

（19）按 F2 键→按 F5 键→按尺寸绘制如图 4-108 所示的 R4 圆草图→按 F2 键，在"特征树"上生成"草图 5"。

（20）按 F8 键→单击"拉伸除料"图标 →"贯穿"→在"特征树"上拾取"草图 5"→单击"确定"按钮，生成实体→按 F8 键→结果如图 4-109 所示。

图 4-108　拉伸除料实体（1）

图 4-109　拉伸除料实体（2）

（21）单击"过渡"按钮，在半径对话框中填入5，然后用鼠标拾取实体的各条线，然后单击"确定"，完成零件的过渡处理，结果如图 4-110 所示。

四、知识拓展

1. 过渡

过渡是指以给定半径或半径规律在实体间作光滑（曲面）过渡。

【操作】

① 输入命令，弹出"过渡"对话框。

② 填入半径，确定过渡方式和结束方式，选择变化方式，拾取需要过渡的元素，单击"确定"完成操作。

图 4-110　过渡实体

过渡方式有两种：等半径和变半径。

结束方式有三种：缺省方式、保边方式和保面方式。

缺省方式是指以系统默认的保边或保面方式进行过渡。

2. 倒角

倒角是指对实体上两个平面的棱边进行光滑平面过渡的方法。

【操作】

① 输入命令，弹出"倒角"对话框。

② 输入距离和角度，拾取需要倒角的元素，单击"确定"完成操作。

在倒角操作中只有距离和角度两项需要进行参数设置。

思考与练习

1. 按照如图 4-111 所示给定的尺寸，作阀体轴测剖视图，如图 4-112 所示。

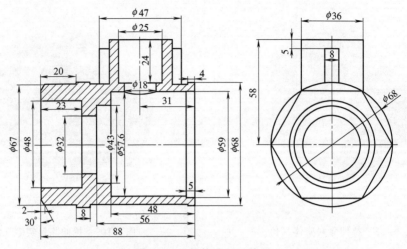

图 4-111　阀体造型尺寸图

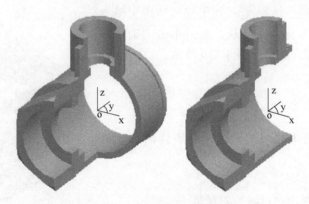

图 4-112　阀体轴测剖视图

2. 按照如图 4-113 所示三视图给定的尺寸，创建实体造型。

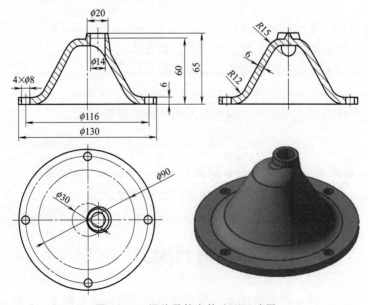

图 4-113　帽盖零件实体造型尺寸图

任务九　箱体实体造型

一、任务导入

按照如图 4-114 所示尺寸,在软件中进行减速器下箱体的实体造型。

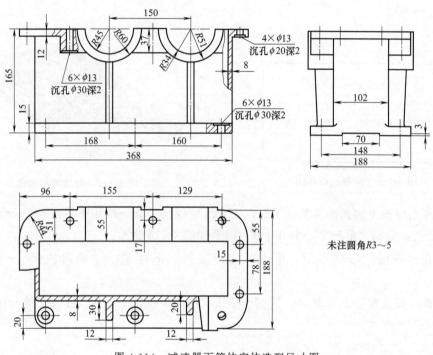

图 4-114　减速器下箱体实体造型尺寸图

二、任务分析

减速器下箱体(图 4-115),一般由底座、空腔主体、凸缘、密封孔和固定孔组成,箱体造型可以通过草图的拉伸增料生成底座、主体、凸缘实体,通过抽壳生成主体空腔,通过打孔生成各类孔系的特征造型方法完成。

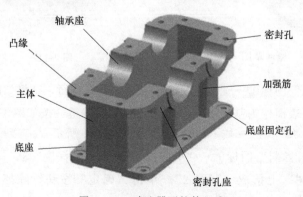

图 4-115　减速器下箱体组成

三、造型步骤

（1）在"特征树"上拾取"平面XY"。

（2）按F2键→按F5键→按如图4-116所示绘制底板草图→按F2键，生成"草图0"→按F8键，结果如图4-116所示。

（3）在"特征"选项卡下，单击"拉伸增料"图标 [icon] →"单向拉伸"→输入"深度"15。

（4）在"特征树"上拾取"草图0"→单击"确定"按钮，生成一个实体→按F8键→结果如图4-117所示。

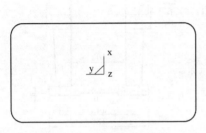

图4-116　绘制底板草图

图4-117　拉伸增料实体

（5）单击底板上表面作为基准平面，按F2键→按F5键→按如图4-118所示绘制矩形草图→按F2键，生成"草图1"→按F8键，结果如图4-118所示。

（6）在"特征"选项卡下，单击"拉伸增料"图标 [icon] →"单向拉伸"→输入"深度"138。

（7）在"特征树"上拾取"草图1"→单击"确定"按钮，生成长方体实体→按F8键→结果如图4-119所示。

图4-118　绘制草图

图4-119　拉伸增料实体

（8）单击"抽壳"图标 [icon] →输入"厚度"8→单击上表面，结果如图4-120所示。

（9）单击底板下表面作为基准平面，按F2键→按F5键→按如图4-121所示绘制矩形草图→按F2键，生成"草图2"→按F8键，结果如图4-121所示。

（10）单击"拉伸除料"图标 [icon] →"单向拉伸"→输入"深度"3。

（11）在"特征树"上拾取"草图2"→单击"确定"按钮，除掉长方体实体→按F8键→结果如图4-122所示。

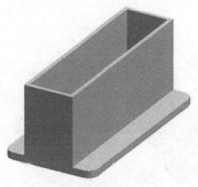

图 4-120　拉伸除料实体

图 4-121　绘制矩形草图

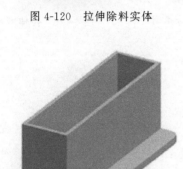

图 4-122　拉伸除料实体

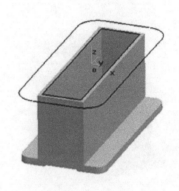

图 4-123　绘制凸缘草图

(12) 单击上表面作为基准平面，按 F2 键→按 F5 键→按如图 4-123 所示绘制矩形草图→按 F2 键，生成"草图 3"→按 F8 键，结果如图 4-123 所示。

(13) 单击"拉伸增料"图标→"单向拉伸"→输入"深度"12。

(14) 在"特征树"上拾取"草图 3"→单击"确定"按钮，生成凸缘实体→按 F8 键→结果如图 4-124 所示。

(15) 单击凸缘下表面作为基准平面，按 F2 键→按 F5 键→按如图 4-125 所示绘制草图→按 F2 键，生成"草图 4"→按 F8 键，结果如图 4-125 所示。

(16) 单击"拉伸增料"图标→"单向拉伸"→输入"深度"25。

(17) 在"特征树"上拾取"草图 4"→单击"确定"按钮，生成凸缘实体→按 F8 键→结果如图 4-126 所示。

(18) 单击箱体内表面作为基准平面，按 F2 键→按 F5 键→按如图 4-127 所示绘制草图→按 F2 键，生成"草图 5"→按 F8 键，结果如图 4-127 所示。

(19) 单击"拉伸增料"图标→"单向拉伸"→输入"深度"55。

(20) 在"特征树"上拾取"草图 5"→单击"确定"按钮，生成圆柱实体→按 F8 键→结果如图 4-128 所示。同样方法可完成另一侧实体，如图 4-129 所示。

(21) 在"特征树"上拾取"平面 XZ"，按 F2 键→按 F5 键→按如图 4-130 所示绘制矩形草图→按 F2 键，生成"草图 6"→按 F8 键，结果如图 4-130 所示。

图 4-124 拉伸增料实体

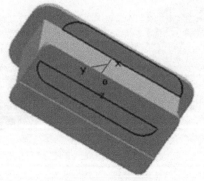

图 4-125 绘制凸缘草图

图 4-126 拉伸增料实体

图 4-127 绘制圆孔草图

图 4-128 拉伸增料实体

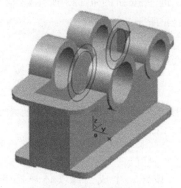

图 4-129 拉伸增料实体

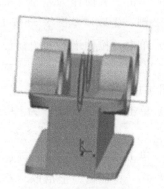

图 4-130 绘制除料草图

（22）单击"拉伸除料"图标 🔲 →"双向拉伸"→输入"深度"400。

（23）在"特征树"上拾取"草图6"→单击"确定"按钮，生成一个实体→按F8键→结果如图4-131所示。

（24）单击"构建基准面"图标 ◈ →"等距平面"→输入"距离"75→单击"确定"按钮，构建基准面1，位置在左边前后圆槽的中心，如图4-132所示。

（25）单击构建基准面1→单击F2键，绘制筋板草图，按F2键退出草图绘制状态，如图4-133所示。

图 4-131　拉伸除料实体

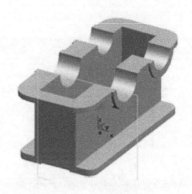

图 4-132　构建基准面

图 4-133　绘制筋板草图

图 4-134　筋板实体

（26）单击"筋板"图标 →"双向加厚"→输入"厚度"12，结果如图 4-134 所示。同样方法作另一筋板，结果如图 4-135 所示。

（27）单击箱体上表面作为基准平面，按 F2 键→按 F5 键→按如图 4-136 所示绘制小孔草图→按 F2 键，生成"草图 7"→按 F8 键，结果如图 4-136 所示。

（28）单击"拉伸除料"图标 →"贯穿"，结果如图 4-136 所示。同样方法作其他销孔的除料操作（省略步骤）。

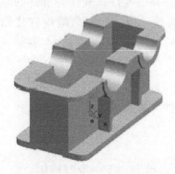

图 4-135　筋板实体

图 4-136　打孔实体

（29）单击"打孔"图标 →拾取打孔平面→选择沉孔类型→设置孔的参数（图 4-137）→单击"完成"按钮，结果如图 4-138 所示，完成减速器箱体中单个沉孔制作。

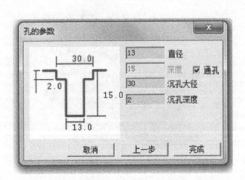

图 4-137   设置孔参数

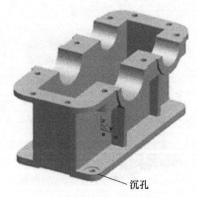

图 4-138   单个沉孔模型

（30）单击"线性阵列"图标 →选择宽度方向为"第一方向"→拾取沉孔阵列对象，设置距离148，数目2，如图 4-139 所示→选择长度方向为"第二方向"，拾取沉孔阵列对象，设置距离 164，数目 3，如图 4-140 所示，单击"确定"按钮，完成沉孔线性阵列，结果如图 4-141 所示，完成减速器箱体中阵列沉孔制作。

图 4-139   线性阵列参数设置（1）

图 4-140   线性阵列参数设置（2）

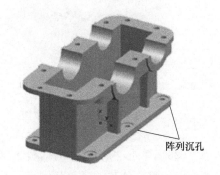

图 4-141   减速器箱体

四、知识拓展

箱体的主要功能是包容、支撑、安装、固定部件中的其他零件，并作为部件的基础与机架相连。如图 4-141 箱体的内腔常用来安装轴、齿轮或者轴承等，所以两端均有装轴承盖及套的孔；箱体类零件在使用时经常要安装、合箱，所以箱体的座、盖上有许多安装孔、定位销孔、连接孔。

1. 打孔

是指在实体的表面（平面）上直接去除材料生成各种类型孔的方法。

【操作】

① 输入命令，弹出"孔的类型"对话框。

② 拾取打孔平面，选择孔的类型，指定孔的定位点，单击"下一步"按钮。

③ 填入孔的参数，单击"确定"完成操作。

在孔的参数中主要有圆柱孔的直径、深度，圆锥的大径、小径、深度，沉孔的大径、深度，角度和钻头的参数等。通孔是指将整个实体贯穿。

2. 线性阵列

通过线性阵列可以沿一个方向或多个方向快速复制特征。

【操作】

① 输入命令，弹出"线性阵列"对话框。

② 分别在第一和第二阵列方向，拾取阵列对象和边/基准轴，填入距离和数目，单击"确定"完成操作。

阵列对象：是指要进行阵列的特征，单个阵列只有一个阵列特征，两个及以上特征为组合阵列。边/基准轴为阵列所沿的指示方向的边或者基准轴。

3. 环形阵列

绕某基准轴旋转将特征阵列为多个特征，构成环形阵列。基准轴应为空间直线。

【操作】

① 输入命令，弹出"环形阵列"对话框。

② 拾取阵列对象和边，基准轴，填入角度和数目，单击"确定"完成操作。

阵列对象：是指要进行阵列的特征，单个阵列只有一个阵列特征，两个及以上特征为组合阵列。边/基准轴为阵列所沿的指示方向的边或者基准轴。

思考与练习

按照如图 4-142 所示，在软件中进行减速器箱盖的实体造型。

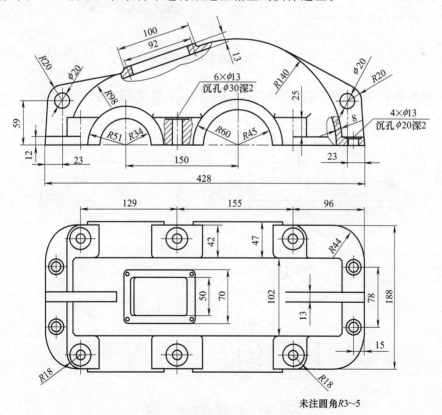

图 4-142　减速器箱盖实体造型尺寸图

项 目 小 结

　　特征实体造型是 CAXA 制造工程师 2013 的重要组成部分。CAXA 制造工程师 2013 采用精确的特征实体造型技术，完全抛弃了传统的体素合并和交并差的烦琐方式，将设计信息用特征术语来描述，使整个设计过程直观、简单、准确。

　　本任务主要通过手柄、螺杆、端盖、减速器箱体等 9 个实体造型的典型实例，帮助读者通过实际操作掌握拉伸、旋转、导动、放样、倒角、过渡、打孔、抽壳、拔模、分模等特征造型方式。

项 目 实 训

　　1. 按照如图 4-143 所示三视图给定的尺寸，创建轴承座实体造型。

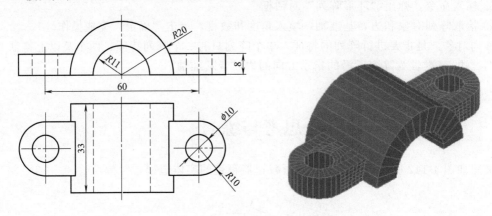

图 4-143　轴承座实体造型尺寸图

　　2. 按照如图 4-144 所示三视图给定的尺寸，创建支架实体造型。

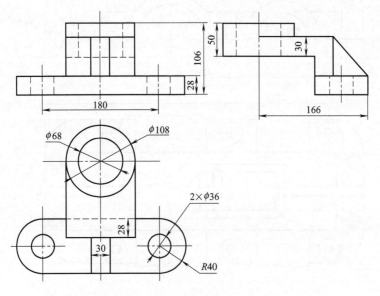

图 4-144　支架实体造型尺寸图

3. 按照如图 4-145 所给定的尺寸，创建阶梯轴实体造型。

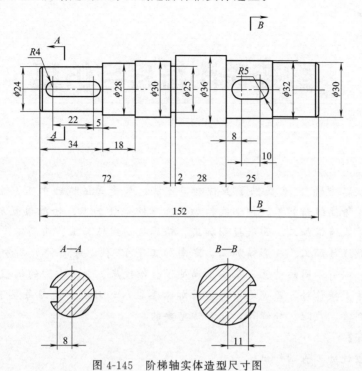

图 4-145 阶梯轴实体造型尺寸图

项目五

数控铣削编程与仿真

CAXA 制造工程师 2016 提供了多种加工方法，如平面区域粗加工、平面轮廓精加工、等高线粗加工、等高线精加工、扫描线精加工、三维偏置加工、轮廓偏置加工、投影加工、平面精加工、笔式清根加工、曲线投影加工、轮廓导动线精加工、曲面轮廓精加工、曲面区域精加工、参数线精加工、投影精加工、定向加工等 17 种，每一种加工方式，针对不同工件的情况，又可以有不同的特色，基本上满足了数控铣床、加工中心的编程和加工需求。在进行以上加工方式操作时，正确地填写各种加工参数，如刀次、铣刀每层下降高度、行距、拔模基准、切削量、截距、补偿等，是非常重要的。

【技能目标】

- 了解数控铣加工基础知识。
- 正确进行以自动加工为目的的 CAD 设计理念。
- 掌握 CAXA 制造工程师 2016 提供的多种加工轨迹生成方法。
- 掌握轨迹编辑及后置处理方法。

任务一　长方体内型腔造型与加工

一、任务导入

已知如图 5-1 所示长方盒体，完成其内型腔造型与加工。

二、任务分析

图 5-1 所示的是长方体内型腔，可通过拉伸增料和拉伸除料完成造型，通过区域式粗加工方式完成仿真加工。

三、造型步骤

（1）单击零件特征树中的"平面 XOY"，以 XOY 面为绘图基准面，单击"绘制草图"图标 ✐，进入草图绘制状态。

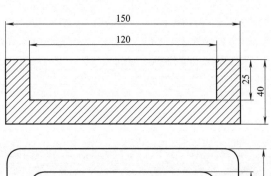
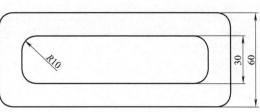

图 5-1　长方盒体零件尺寸图

（2）在"曲线"选项卡下，单击"矩形"图标 ，选择对话框中默认的"中心_长_宽"方式，输入长度"150"，宽度"60"，选择原点作为中心点，完成矩形操作。

（3）单击"曲线过渡"图标 ，在弹出的"过渡"对话框中输入半径值"10"，然后选择相应的边，完成过渡操作，如图 5-2 所示。

（4）在"特征"选项卡下，单击"拉伸增料"图标 ，在弹出的"拉伸"对话框中输入深度值为"40"，然后单击"确定"按钮，完成拉伸实体操作，如图 5-3 所示（可以按 F8 键观察其轴测图）。

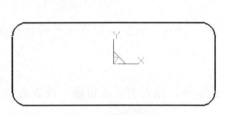

图 5-2　绘制草图

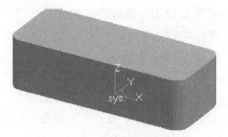

图 5-3　拉伸增料实体

（5）拾取长方体的上表面作为绘图的基准面，然后单击"绘制草图"图标 ，进入草图绘制状态。按 F5 键切换为 XOY 面显示，单击曲线工具栏中的"相关线"图标 ，在对话框中选择"实体边界"方式，拾取长方体上表面的四边，生成 4 条直线。

（6）单击"等距线"图标 ，选择对话框中默认的"单根曲线_等距"方式，输入距离为"15"，然后拾取步骤（5）中生成的直线，选择指向坐标点的方向，绘制等距线，如图 5-4 所示。

（7）单击"删除"图标 ，删除原直线。单击"绘制草图"图标 ，退出草图绘制状态。

（8）单击"拉伸除料"图标 ，在弹出的"拉伸"对话框中输入深度值"25"，然后单击"确定"，完成拉伸实体操作，如图 5-5 所示（可以按 F8 键观察其轴测图）。

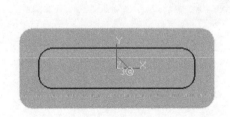

图 5-4　绘制草图

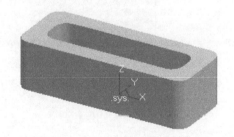

图 5-5　拉伸除料实体

四、仿真加工

1. 加工前的准备工作

（1）设定加工刀具。

操作步骤如下。

① 在特征树加工管理区内双击"刀具库"命令，弹出"刀具库管理"对话框。

② 增加铣刀。单击"增加刀具"按钮，在对话框中输入铣刀名称"D10，r1"，增加一个区域式加工需要的铣刀。

③ 设定增加的铣刀的参数。在"刀具库管理"对话框中输入准确的数值，其中的刀刃长度和刀杆长度与仿真有关，而与实际加工无关，刀具定义即完成。其他定义需要根据实际加工刀具来完成。

（2）后置设置。

用户可以增加当前使用的机床，给出机床名，定义适合自己机床的后置格式。系统默认的格式为 FANUC 系统的格式。

操作步骤如下。

① 在"加工"选项卡上→单击"后置处理"→"后置设置"命令，或者选择特征树加工管理区的"机床后置"，弹出"机床后置"对话框。

② 机床设置。选择当前机床类型为"fanuc"。

③ 后置设置。单击"后置设置"标签，打开该选项卡，根据当前的机床，设置各参数。

（3）设定加工毛坯。

操作步骤如下。

① 选择特征树加工管理区的"毛坯"，弹出"毛坯定义"对话框。

② 在"毛坯定义"选项组中选择"参照模型"方式，在系统给出的尺寸中进行调整，如图 5-6 所示。

③ 单击"确定"按钮后，生成毛坯。

④ 确定区域式加工的轮廓边界。

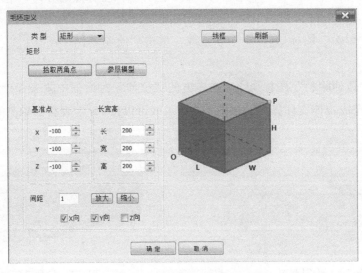

图 5-6   毛坯定义参数设置

2. 平面区域粗加工刀具轨迹

（1）单击曲线工具栏中的"相关线"图标，在对话框中选择"实体边界"方式，拾取长方体内表面的四边，生成 4 条直线，作为加工边界。

（2）选择"加工"功能区→单击"平面区域粗加工"命令，或者选择"加工工具条"中

的图标 ，或者在特征树加工管理区空白处右击，在弹出的快捷菜单中选择"常用加工"→"平面区域粗加工"，如图 5-7 所示。

图 5-7　平面区域粗加工参数设置

（3）设置切削用量。设置"加工参数"选项卡中的铣削方式为"顺铣"，根据选择刀具直径为 10mm 的平头槽铣刀，每层下降高度为"2"，"行距"为"6"，"加工余量"为"0"，如图 5-7 所示。在"切削用量"选项卡中设置"主轴转速"为"6000"，"切削速度"（即进给速度）为"900"。

（4）单击"刀具参数"标签，打开该选项卡，选择已经在刀具库中设定好的槽铣刀"D10，r1"，设定铣刀的参数。

（5）单击"加工边界"标签，打开该选项卡，在"Z 设定"中输入"最大"为 25，"最小"为"2"，确定加工部分，否则区域式加工将一直加工到底。

（6）根据状态栏提示轮廓，选择区域式加工的长方体内轮廓，右击确认。

（7）根据状态栏的提示拾取岛屿，右击确认，选择系统默认岛屿。以后系统开始计算，最终得到加工轨迹，如图 5-8 所示。

3. 轨迹仿真

（1）单击"显示"→"可见"按钮，显示所有已经生成的加工轨迹，然后拾取区域式粗加工轨迹，右击确认。或者在特征树加工管理区的粗加工刀具轨迹上右击，在弹出的快捷菜单中选择"显示"。

（2）选择"加工"→"仿真"→"轨迹仿真"命令，或者在特征树加工管理区空白处右击，在弹出的快捷菜单中选择"加工"→"实体仿

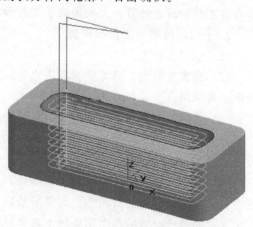

图 5-8　区域式粗加工刀具轨迹

真"。拾取所有刀具轨迹，右击结束，系统进入加工仿真界面。

（3）单击"仿真加工"按钮，在弹出的对话框中单击"仿真开始"按钮，系统进入仿真加工状态，如图5-9所示。

（4）仿真检验后，退出仿真程序，单击"文件"→"保存"，保存粗加工和精加工轨迹。

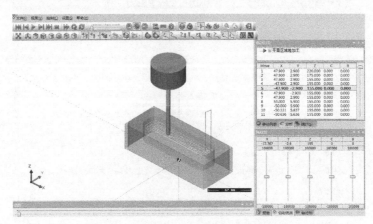

图 5-9　平面区域式粗加工刀具轨迹仿真

五、知识拓展

1. 平面区域粗加工

生成具有多个岛的平面区域的刀具轨迹。适合 2/2.5 轴粗加工，与区域式粗加工类似，所不同的是，该功能支持轮廓和岛屿的分别清根设置，可以单独设置各自的余量、补偿及上下刀信息。最明显的就是该功能轨迹生成速度较快。

不必有三维模型，只要给出零件的外轮廓和岛屿，就可以生成加工轨迹。并且可以在轨迹尖角处自动增加圆弧，保证轨迹光滑，以符合高速加工的要求。

每种加工方式的对话框中都有"确定""取消""悬挂"3 个按钮，按确定按钮确认加工参数，开始随后的交互过程；按"取消"按钮取消当前的命令操作；按"悬挂"按钮表示加工轨迹并不马上生成，交互结束后并不计算加工轨迹，而是在执行轨迹生成批处理命令时才开始计算，这样就可以将很多计算复杂、耗时的轨迹生成任务准备好，直到空闲的时间，比如夜晚才开始真正计算，大大提高了工作效率。

2. 平面区域粗加工操作步骤

（1）填写参数表。

（2）拾取轮廓线。填写完参数表格后，系统提示：拾取轮廓。拾取轮廓线可以利用曲线拾取工具菜单。

（3）轮廓线走向拾取。拾取第一条轮廓线后，此轮廓线变为红色的虚线。系统给出提示选择方向。要求用户选择一个方向，此方向表示刀具的加工方向，同时也表示拾取轮廓线的方向。

（4）岛的拾取。拾取完区域轮廓线后，系统要求拾取第一个岛。在拾取岛的过程中，系统会自动判断岛自身的封闭性。如果所拾取的岛由一条封闭的曲线组成，则系统提示拾取第二个岛；如果所拾取的岛由两条以上首尾连接的封闭曲线组合而成，当拾取到一条曲线后，系统提示继续拾取，直到岛轮廓已经封闭。如果有多个岛，系统会继续提示选择岛。

（5）生成刀具轨迹。岛选择完毕，用鼠标右键确认。确认后，系统立即给出刀具轨迹。

3. 加工仿真验证模块

对加工过程进行模拟仿真。仿真过程中可以随意放大、缩小、旋转，便于观察细节。能显示多道加工轨迹的加工结果，仿真过程中可以调节仿真速度。

仿真过程中可以检查刀柄的干涉、快速移动过程（G00）中的干涉、刀具无切削刃部分的干涉情况。可以把切削仿真结果与零件理论形状进行比较，切削残余量用不同的颜色区分表示。

思考与练习

一、填空题

1. 将设定好的毛坯参数锁住，则用户不能设定毛坯的（　　　　）、（　　　　）、（　　　　）等，其目的是（　　　　）。

2. 轨迹树记录了加工轨迹生成过程的所有参数，包括（　　　　）、（　　　　）和（　　　　）等，如需对加工轨迹进行编辑，只需（　　　　）即可。

二、选择题

1. 铣削的主运动是（　　）。

A. 铣刀的旋转运动　　　B. 铣刀的轴向运动　　　C. 工件的移动

2. 在加工曲面较平坦的部位时，如不会发生过切，应优先选用（　　）。

A. 盘形铣刀　　　B. 球头铣刀　　　C. 平头铣刀

3. 铣削速度指的是铣刀（　　）处切削刃的线速度。

A. 最大直径　　　B. 中心　　　C. 切削刃中间

4. 在立式数控铣床中，在切出或切削结束后，刀具退刀的方向是（　　）进给。

A. 水平 X 方向　　　B. 水平 Y 方向　　　C. 垂直向上

三、操作题

1. 按如图 5-10 所示给定的尺寸进行实体造型，花形凸模厚 15mm，底板厚 5mm，用直径为 1.5mm 的端面铣刀做花形凸模的外轮廓和花形凸模的花形槽加工轨迹，最后在指定位置生成 6 个 φ5 小孔的加工轨迹。

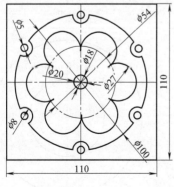
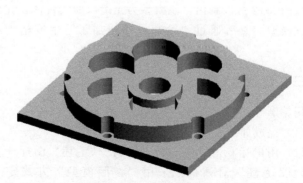

图 5-10　花形凸模

2. 按如图 5-11 所示给定的尺寸进行实体造型，用直径为 6mm 的球面铣刀做正方体型腔加工轨迹。

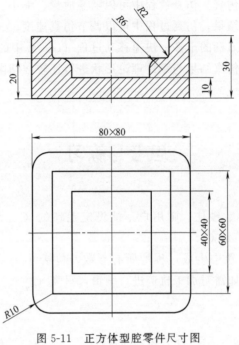

图 5-11　正方体型腔零件尺寸图

任务二　圆台曲面造型与加工

一、任务导入

生成如图 5-12 所示的光滑双曲线台体粗加工轨迹。通过该台体精加工轨迹生成的练习，初步学习数控编程精加工轨迹生成方法，掌握数控编程加工的操作技能。

二、任务分析

从图 5-12 可以看出，该模型为光滑双曲线台体，先建立线框模型，然后通过"轮廓导动精加工"生成精加工轨迹。

三、造型步骤

用轮廓导动精加工方式作模具外表面加工轨迹。

（1）完成如图 5-13 所示的线框造型。

（2）用鼠标双击"轨迹管理"树→"毛坯"图标→弹出"定义毛坯"对话框，采用"参照模型"方式定义毛坯。

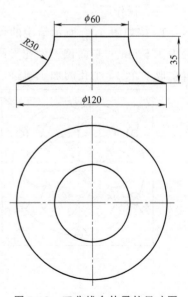

图 5-12　双曲线台体零件尺寸图

（3）选择"加工"功能区→单击"轮廓导动精加工"→弹出"轮廓导动精加工"对话框。

（4）分别设置"加工参数""切削用量""进退刀参数""下刀方式""铣刀参数""加工边界"。

（5）单击"确定"按钮→先后拾取轮廓线和加工方向→确定轮廓线链搜索方向→拾取截面线和加工方向→确定截面线链搜索方向→右击结束拾取→拾取确定加工外侧→右击，生成的刀具轨迹如图 5-14 所示。

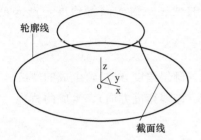

图 5-13　双曲线台体线框造型

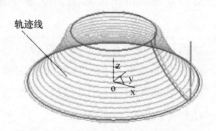

图 5-14　导动线精加工刀具轨迹

提示：

（1）导动线加工作造型时，只作平面轮廓线和截面线，不用作曲面或实体造型，简化了造型，而且比加工三维造型的加工时间要短，精度更高。

（2）导动线加工与参数线加工和等高线加工相比，生成轨迹的速度非常快，生成的代码最短，而且加工效果最好。

（3）导动线加工能够自动消除加工的刀具干涉现象，无论是自身干涉还是面干涉，都可以自动消除。

四、知识拓展

轮廓导动精加工：平面轮廓法平面内的截面线沿平面轮廓线导动生成加工轨迹，也可以理解为平面轮廓的等截面导动加工。

【操作说明】

1. 参数表说明

点取"加工"→"轮廓导动精加工"功能项，弹出对话框。

（1）加工方向。

加工方向设定有以下两种选择。顺铣：生成顺铣的轨迹。逆铣：生成逆铣的轨迹。

（2）XY 切入。

XY 切入的设定有以下两种选择。

步长：输入 XY 方向的切入量。

残留高度：由球刀铣削时，输入铣削通过时的残余量（残留高度）。当指定残留时，会提示 XY 切削量。

（3）Z 切入。

Z 切入的设定有以下两种选择。

层高：输入一次切入深度。Z方向等间隔切入。

残留高度：球刀加工时，输入刀具通过时的残余量（残留高度）。指定残留高度能动态显示 XY 切削量。

（4）截面形状。

截面指定方法有以下两种选择。

截面形状：参照加工领域的截面形状所指定的形状。

倾斜角度：以指定的倾斜角度，作成一定倾斜的轨迹。输入倾斜角度，输入范围为 $0°\sim90°$。

截面认识方法有以下两种选择。

向上方向：对于加工区域，指定朝上的截面形状（倾斜角度方向），生成的轨迹。

向下方向：对于加工区域，指定朝下的截面形状（倾斜角度方向），生成的轨迹。

（5）XY 加工方向。

加工方向有以下两种选择。通常指定为"向外方向"。

向内方向：从加工边界（基本形状）一侧向加工领域的中心方向进行加工。

向外方向：从加工领域的中心向加工边界（基本形状）一侧方向进行加工。

（6）参数。

加工精度：输入模型的加工精度。计算模型的轨迹的误差小于此值。加工精度越大，模型形状的误差也增大，模型表面越粗糙。加工精度越小，模型形状的误差也减小，模型表面越光滑。但是，轨迹段的数目增多，轨迹数据量变大。

加工余量：相对模型表面的残留高度，可以为负值，但不要超过刀角半径。

（7）加工坐标系。

生成轨迹所在的局部坐标系，单击"加工坐标系"按钮可以从工作区中拾取。

（8）起始点。

刀具的初始位置和沿某轨迹走刀结束后的停留位置，单击"起始点"按钮可以从工作区中拾取。

2. 具体操作步骤

（1）填写加工参数表。

（2）拾取轮廓线和加工方向。

（3）确定轮廓线链搜索方向。

（4）拾取截面线和加工方向。

（5）确定截面线链搜索方向并按右键结束拾取。

（6）拾取箭头方向以确定加工内侧或外侧。

（7）系统立即生成刀具轨迹。

轨迹计算完成后，在屏幕上出现加工轨迹，同时在加工轨迹树上出现一个新节点。如果填写完参数表后，按的是"悬挂"按钮，就不会有计算过程，屏幕上不会出现加工轨迹，仅在轨迹树上出现一个新节点，这个新节点的文件夹图标上有一个黑点，表示这个轨迹还没有计算。在这个轨迹树节点上按鼠标右键，会弹出一个菜单，运行"轨迹重置"可以计算这个加工轨迹。

思考与练习

一、填空题

1. 刀具轨迹是由一系列有序的刀位点和连接这些刀位点的（　　　　）或（　　　　）组成的。

2. 铣削速度是指铣刀（　　　　）处切削刃的线速度。铣削深度是指（　　　　）于铣刀轴线方向所测得的切削层尺寸。铣削宽度是指（　　　　）于铣刀轴线方向所测得的切削层尺寸。

二、选择题

1. 在进行数控编程、交互指定待加工图形时，如加工的是由轮廓界定的加工区域，则轮廓是（　　　　）的。

A. 封闭　　　　　　　B. 不封闭　　　　　　C. 可封闭，也可不封闭

2. 不需加工的部分是（　　　　）。

A. 岛　　　　　　　　B. 区域　　　　　　　C. 轮廓

3. 在立式数控铣床中，在切出或切削结束后，刀具退刀的方向是（　　　　）进给。

A. 水平 X 方向　　　　B. 水平 Y 方向　　　　C. 垂直向上

三、操作题

1. 按如图 5-15 给定的尺寸进行实体造型，凸轮厚 15mm，用直径为 10mm 的端面铣刀作渐开凸轮外轮廓的加工轨迹。

2. 按如图 5-16 给定的碟子尺寸进行实体造型，并生成轮廓导动线粗加工轨迹。

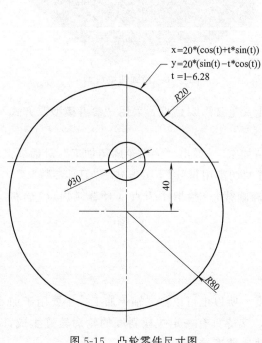

$x=20*(\cos(t)+t*\sin(t))$
$y=20*(\sin(t)-t*\cos(t))$
$t=1-6.28$

图 5-15　凸轮零件尺寸图

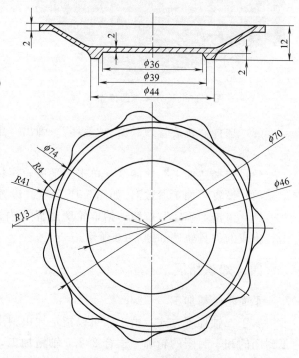

图 5-16　碟子零件尺寸图

任务三　椭圆内壁造型与加工

一、任务导入

生成如图 5-17 所示的 100mm×100mm×40mm 长方体上的椭圆内壁精加工轨迹。通过该形体精加工轨迹生成的练习，初步学习数控编程精加工轨迹生成方法，掌握数控编程加工的操作技能。

二、任务分析

从图 5-17 可以看出，该模型为椭圆深腔内壁形体，先建立实体模型，然后通过"平面轮廓精加工"生成精加工轨迹。

三、造型步骤

（1）按实例要求进行实体造型，椭圆凹坑尺寸为长轴 40、短轴 25、深 20，在中心绘一条 50mm 竖直直线，竖直直线顶为下刀点，如图 5-18 所示。

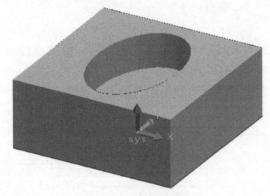
图 5-17　长方体椭圆模型

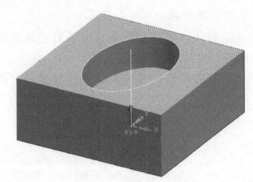
图 5-18　椭圆凹坑造型

（2）选择"轨迹管理"树→"毛坯"→弹出"定义毛坯"对话框，采用"参考模型"方式定义毛坯。

（3）选择"加工"功能区→单击"平面轮廓精加工"→弹出"平面轮廓精加工"对话框。

（4）设置"加工参数"，如图 5-19 所示。设置"切削用量""下刀方式""刀具参数"。

（5）单击"确定"按钮→拾取轮廓边界（内椭圆线）→拾取下刀点（竖直线顶点）→右击，生成的刀具轨迹如图 5-20 所示。

四、知识拓展

平面轮廓精加工

属于二轴加工方式，由于它可以指定拔模斜度，所以也可以作二轴半加工。主要用于加工封闭的和不封闭的轮廓。适合 2/2.5 轴精加工，支持具有一定拔模斜度的轮廓轨迹生成，可以为生成的每一层轨迹定义不同的余量，生成轨迹速度较快。

图 5-19　平面轮廓精加工参数设置

1. 参数表说明

点取"加工"下拉菜单中的"粗加工"→ "平面轮廓精加工"菜单项，或用鼠标左键点取加工工具栏中的图标，弹出对话框，设置加工参数。

（1）走刀方式。

走刀方式是指刀具轨迹行与行之间的连接方式，本系统提供单向和往复两种方式。

＊单向：抬刀连接。刀具加工到一行刀位的终点后，抬到安全高度，再沿直线快速走刀到下一行首点所在位置的安全高度，垂直进刀，然后沿着相同的方向进行加工。

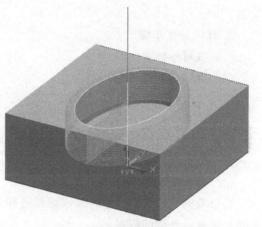

图 5-20　平面轮廓精加工刀具轨迹

＊往复：直线连接，与单向不同的是，在进给完一个行距后，刀具沿着相反的方向进行加工，行间不抬刀。

（2）切削用量。

切削用量包括一些参考平面的高度参数（高度指 Z 向的坐标值），当需要进行一定的锥度加工时，还需要给定拔模角度和每层下降高度。

＊当前高度：被加工工件的最高高度，切削第一层时，下降一个每层下降高度。

＊底面高度：加工的最后一层所在高度。

＊每层下降高度：每层之间的间隔高度。

＊拔模斜度：加工完成后，轮廓所具有的倾斜度。

（3）切削参数。

＊行距：每一行刀位之间的距离。

* 刀次：生成的刀位的行数。

* 轮廓加工余量：给轮廓留出的预留量。

* 加工误差：对由样条曲线组成的轮廓系统将按给定的误差把样条转化成直线段，用户可按需要来控制加工的精度。

(4) 拔模基准。

当加工的工件带有拔模斜度时，工件顶层轮廓与底层轮廓的大小不一样。用"平面轮廓"功能生成加工轨迹时，只需画出工件顶层或底层的一个轮廓形状即可，无须画出两个轮廓。"拔模基准"用来确定轮廓是工件的顶层轮廓或是底层轮廓。

* 底层为基准：加工中所选的轮廓是工件底层的轮廓。

* 顶层为基准：加工中所选的轮廓是工件顶层的轮廓。

(5) 轮廓补偿。

* ON：刀心线与轮廓重合。

* TO：刀心线未到轮廓一个刀具半径。

* PAST：刀心线超过轮廓一个刀具半径。

(6) 机床自动补偿（G41/G42）。

选择该项机床自动偏置刀具半径，那么在输出的代码中会自动加上 G41/G42（左偏/右偏）、G40（取消补偿）。输出代码中是自动加 G41 还是 G42，与拾取轮廓时的方向有关系。

2. 具体操作步骤

(1) 填写参数表。

(2) 拾取轮廓线。

填写完参数表后，点取"确认"键，系统将给出提示：拾取轮廓线。

(3) 轮廓线拾取方向。

当拾取第一条轮廓线后，此轮廓线变为红色的虚线。系统给出提示：选择方向。要求用户选择一个方向，此方向表示刀具的加工方向，同时也表示拾取轮廓线的方向。

(4) 选择加工的侧边。

当拾取完轮廓线后，系统要求继续选择方向，此方向表示加工的侧边：是加工轮廓线内侧还是轮廓线外侧的区域。

(5) 生成刀具轨迹。

选择加工侧边之后，系统生成绿色的刀具轨迹。

思考与练习

一、填空题

1. 一个完整的程序由（   ）、（   ）和（   ）三部分组成。

2. 铣削中的进给量有三种表示方法，它们是（   ）进给量、（   ）进给量和（   ）进给量。

3. 加工误差是指（   ）与（   ）之间的偏差。

二、简答题

1. 确定加工路线有哪些原则？

2. 简要说明刀具有哪些进刀方式？

三、作图题

按如图 5-21 所示给定的尺寸，用实体造型方法生成三维图，并生成等高线粗加工轨迹及弧形曲面的参数线精加工轨迹。

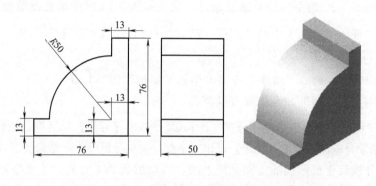

图 5-21　弧形曲面体

任务四　手机造型与加工

一、任务导入

在 110mm×50mm×10mm 长方体完成手机造型，过渡半径均为 2，图 5-22 所示为手机型腔设计造型，图 5-23 所示为手机凹模型腔，图 5-24 所示为手机壳设计造型。

二、任务分析

手机产品造型中手机盖造型是关键。首先，将手机型腔进行造型设计。其次，对相连区域进行光顺过渡，完成手机盖外形的主要轮廓的造型设计，如图 5-24 所示。最后，再进行手机型腔和凹模部分造型，如图 5-22 和图 5-23 所示。

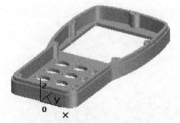

图 5-22　手机型腔设计造型

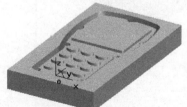

图 5-23　手机凹模型腔

图 5-24　手机壳设计造型

由于手机要求精度高，模具寿命长，使用了较高硬度的材料，其材料为 H13 钢，并且要求数控加工时做到有足够的精度，减少手工工作量，所以选用高速加工中心进行铣削加工。根据本例的形状特点，粗加工和精加工都采用等高线加工方式，手机壳采用平面精加工方式。

三、造型步骤

操作步骤如下。

1. 手机型腔进行造型设计

（1）完成如图5-22的手机型腔造型设计，完成如图5-24的手机壳造型设计。

（2）单击"特征"选项卡中的"型腔"图标 →弹出【型腔】对话框，设置各坐标正负增大10，单击【确定】退出对话框。

（3）按【F5键】，单击"曲线"选项卡中的"矩形"图标 ，绘制一个比手机型腔大的矩形，然后用"直纹面"命令生成直纹面。

（4）单击"特征"选项卡中的"分模"图标 →弹出【分模】对话框，选择曲面分模，除料方向向下，拾取分模面，单击【确定】退出对话框，完成分模操作，结果如图5-23所示。

（5）由于分模后手机凹模加工面是向下的，所以后面加工时要创建坐标系，将手机凹模加工面旋转上来，单击"特征"选项卡中的"创建坐标系"，建立新坐标系后才能做粗精加工轨迹。

2. 手机壳平面精加工

（1）选择"轨迹管理"树→双击"毛坯"→弹出"定义毛坯"对话框，采用"参照模型"方式定义毛坯。

（2）选择"加工"功能区→单击"平面精加工"→弹出"平面精加工"对话框。

（3）设置"加工参数"，如图5-25所示。设置"区域参数""连接参数""切削用量""刀具参数""几何"参数。

（4）单击"确定"按钮→拾取加工曲面→右击→拾取加工边界→右击，生成的刀具轨迹如图5-26所示。

图5-25　平面精加工参数设置

图5-26　浅平面精加工刀具轨迹

3. 手机凹模粗加工

（1）在特征树加工管理区内选择"刀具库"命令，弹出"刀具库管理"对话框。

（2）增加铣刀。单击"增加刀具"按钮，在对话框中输入铣刀名称"D6，r3"，增加一个硬质合金铣刀，材料为 TiALN，用于粗加工。在对话框中输入铣刀名称"D2，r1"，增加一个整体式硬质合金球头铣刀，用于精加工。

（3）设定增加的铣刀的参数，表 5-1 所示为等高线加工参数。

表 5-1　等高线加工参数表

加工类型	刀具尺寸/mm	主轴转速/(r/min)	进给速度/(m/min)	切削深度/mm
粗加工	D6 球头铣刀	3000	0.5	1
精加工	D2 球头铣刀	3200	1.2	0.05
清根	D1 球头铣刀	3600	0.8	0.05

（4）选择"加工"功能区→单击"等高线粗加工"命令，或者选择"加工工具条"中的 图标，或者在特征树加工管理区空白处右击，在弹出的快捷菜单中选择"加工"→"粗加工"→"等高线粗加工"。

（5）设置切削用量。设置"加工参数"选项卡中的铣削方式为"顺铣"，根据选择刀具直径为 6mm，选择"Z 切入"中"层高"为 1（该项为轴向切深），"XY 切入"中"行距"为 3（该项为径向切深），"加工余量"为 0.5。在"切削用量"选项卡中设置"主轴转速"为 3000r/min，"切削速度"为 500mm/min。

（6）根据加工实际选择"切入切出"和"下刀方式"选项卡。

（7）单击"刀具参数"标签→打开该选项卡→选择铣刀为"D6，r3"→设定铣刀的参数。

（8）单击"确定"按钮后，系统提示要求选择需要加工的曲面，手动选择需要加工的曲面，右击确认。系统继续提示要求选择加工边界，直接右击，按照系统默认加工边界，以后系统开始计算，稍后得出轨迹如图 5-27 所示。

（9）拾取粗加工刀具轨迹→右击选择"隐藏"命令，将粗加工轨迹隐藏，以便观察下面的精加工轨迹。

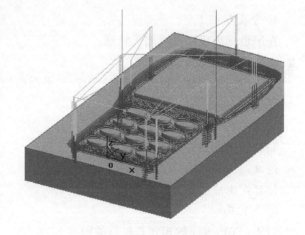

图 5-27　手机凹模粗加工轨迹

4. 手机凹模精加工

（1）选择"加工"功能区→"三轴加工"→单击"等高线精加工"命令，或者选择"加工工具条"中的 图标，或者在特征树加工管理区空白处右击，并在弹出的快捷菜单中选择"加工"→"等高线精加工"。

（2）设置切削用量。设置"加工参数"选项卡中的铣削方式为"顺铣"，根据选择刀具直径为 2mm，选择"Z 切入"中"层高"为 0.05（该项为轴向切深）。在"切削用量"选项卡中设置"主轴转速"为 3200，"切削速度"为 1200。

（3）根据加工实际选择"切入切出"和"下刀方式"选项卡。

（4）单击"铣刀参数"标签，打开该选项卡，选择铣刀为"D2，r1"，设定铣刀的参数。

（5）单击"确定"按钮后，系统提示要求选择需要加工的曲面→手动选择需要加工的曲面→右击确认。系统继续提示要求选择加工边界→直接右击，按照系统默认加工边界，以后系统开始计算，最后得出轨迹如图5-28所示，仿真结果如图5-29所示。

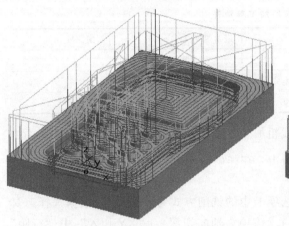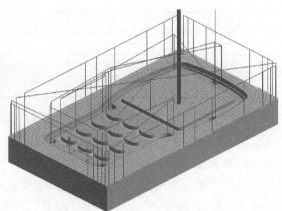

图5-28　手机凹模精加工轨迹　　　　　　图5-29　手机凹模精加工仿真

四、知识拓展

1. 平面精加工

在平坦部生成扫描线加工轨迹。

（1）参数表说明。

选择"加工"功能区→"三轴加工"→"平面精加工"菜单项，弹出对话框。

① 加工方向。

加工方向设定有以下三种选择。

顺铣：生成顺铣的加工轨迹。

逆铣：生成逆铣的加工轨迹。

往复：生成往复加工轨迹。

② XY 向。

行距：XY 方向的相邻扫描行的距离。

残留高度：相邻切削轨迹间残余量的高度。当指定残留高度时，会提示行距的大小。

角度：扫描线切削轨迹的角度。

③ 加工顺序。

加工顺序有以下两种选择方式。

区域优先：当判明加工方向截面后，生成区域优先的加工轨迹。

截面优先：当判明加工方向截面后，抬刀后快速移动然后下刀，生成截面优先的加工轨迹。

④ 行间连接方式。

行间连接有如下两种方式。

抬刀：通过抬刀，快速移动，下刀完成相邻切削行间的连接。

投影：在需要连接的相邻切削行间生成切削轨迹，通过切削移动来完成连接。

最大投影距离：投影连接的最大距离，当行间连接距离（XY向）＜＝最大投影距离时，采用投影方连接，否则，采用抬刀方式连接。

⑤ 加工参数。

加工精度：输入模型的加工精度。计算模型的加工轨迹的误差小于此值。加工精度越大，模型形状的误差也增大，模型表面越粗糙。加工精度越小，模型形状的误差也减小，模型表面越光滑，但是，轨迹段的数目增多，轨迹数据量变大。

加工余量：相对模型表面的残留高度，可以为负值，但不要超过刀角半径。

⑥ 平坦部识别。

最小角度：输入作为平坦部的最小角度。水平方向为0°。输入的数值范围在0°以上90°以下。

最大角度：输入作为平坦部的最大角度。水平方向为0°。输入的数值范围在0°以上90°以下。

偏移量：输入一圈量（延长量）。该延长量是指从以上设定的平坦部的领域往外的偏移量。

（2）具体操作步骤。

① 填写参数表。填写完成后，按"确定"或"悬挂"按钮。

② 系统提示"拾取加工对象"。拾取要加工的模型。

③ 系统提示"拾取加工边界"。拾取封闭的加工边界曲线，或者直接按鼠标右键不拾取边界曲线。

④ 系统提示"正在计算轨迹，请稍候"。

轨迹计算完成后，在屏幕上出现加工轨迹，同时在加工轨迹树上出现一个新节点。如果填写完参数表后，按的是"悬挂"按钮，就不会有计算过程，屏幕上不出现加工轨迹，仅在轨迹树上出现一个新节点，这个新节点的文件夹图标上有一个黑点，表示这个轨迹还没有计算。在这个轨迹树节点上按鼠标右键，会弹出一个菜单，运行"轨迹重置"可以计算这个加工轨迹。

平面精加工方式生成平面精加工轨迹，能自动识别零件模型中平坦的区域，针对这些区域生成精加工刀具轨迹，大大提高了零件平坦部分的精加工效率。

2. 等高线粗加工

生成分层等高式粗加工轨迹。

（1）参数说明。

选择"加工"功能区→"三轴加工"→"等高线粗加工"菜单项。

① 加工方向。

加工方向设定有两种选择：顺铣和逆铣。

② Z切入。

Z向切削设定有以下两种定义方式。

层高：Z向每加工层的切削深度。

残留高度：系统会根据残留高度的大小计算Z向层高，在对话框中提示。

最大层间距：输入最大 Z 向切削深度。

根据残留高度值在求得 Z 向的层高时，为防止在加工较陡斜面时可能层高过大，限制层高在最大层间距的设定值之下。

最小层间距：输入最小 Z 向切削深度。

根据残留高度值在求得 Z 向的层高时，为防止在加工较平坦面时可能层高过小，限制层高在最小层间距的设定值之上。

③ XY 切入。

XY 切入量的设定有以下两种选择。

行距：输入 XY 方向的切入量。

残留高度：用球刀铣削时，输入铣削的残余量（尖端高度）。指定残留高度时，XY 切削行距可以自动显示。

前进角度：当切削模式为"平行（单向）"和"平行（往复）"时进行设定。

输入切削轨迹的前进角度。

输入 $0°$，生成与 X 轴平行的轨迹。

输入 $90°$，生成与 Y 轴平行的轨迹。

输入值范围是 $0°\sim360°$。

④ 拐角半径。在拐角部分加上圆弧。

添加拐角半径：设定在拐角部增加圆角。高速切削时减速转向，防止拐角处的过切。

刀具直径百分比：指定圆角的圆弧半径相对于刀具直径的比率（％）。如刀具直径比为 20（％），刀具直径为 50，则插补的圆角半径为 10。

半径：指定拐角处圆弧的大小（半径）。

⑤ 选项。

删除面积系数：基于输入的删除面积值，设定是否生成微小轨迹。如刀具截面积和等高线截面面积若满足下面的条件时，删除该等高线截面的轨迹。

等高线截面面积＜刀具截面积×删除面积系数（刀具截面积系数）

⑥ 参数。

加工精度：输入模型的加工精度。计算模型的加工轨迹的误差小于此值。加工精度越大，模型形状的误差也增大，模型表面越粗糙。加工精度越小，模型形状的误差也减小，模型表面越光滑。但是，轨迹段的数目增多，轨迹数据量变大。

加工余量：相对模型表面的残留高度，可以为负值，但不要超过刀角半径。

⑦ 行间连接方式。

行间连接方式有以下 3 种类型。

直线：行间连接的路径为直线形状。

圆弧：行间连接的路径为半圆形状。

S形：行间连接的路径为 S 字形状。

（2）参数说明。

① 稀疏化加工。

粗加工后的残余部分，用相同的刀具从下往上生成加工路径。

稀疏化：确定是否稀疏化。

间隔层数：从下向上，设定欲间隔的层数。

步长：对于粗加工后阶梯形状的残余量，设定 X-Y 方向的切削量。

残留高度：用球刀铣削时，输入铣削通过时残余量（残留高度）。指定残留高度时，XY 切入量自动显示。

② 区域切削类型。

在加工边界上重复刀具路径的切削类型有 3 种选择。

抬刀切削混合：在加工对象范围中没有开放形状时，在加工边界上以切削移动进行加工。有开放形状时，回避全部的段。

切入量＜刀具半径/2 时，延长量＝刀具半径＋行距。

切入量＞刀具半径/2 时，延长量＝刀具半径＋刀具半径/2。

抬刀：刀具移动到加工边界上时，快速往上移动到安全高度，再快速移动到下一个未切削的部分（刀具往下移动位置为"延长量"远离的位置）。

仅切削：在加工边界上用切削速度进行加工。

延长量：输入延长量。

③ 执行平坦部识别。

自动识别模型的平坦区域，选择是否根据该区域所在高度生成轨迹。

再计算从平坦部分开始的等间距：设定是否根据平坦部区域所在高度重新度量 Z 向层高，生成轨迹。不选择再计算时，在 Z 向层高的路径间，插入平坦部的轨迹。

（3）具体操作步骤。

① 填写参数表。填写完成后，按"确定"或"悬挂"按钮。

② 系统提示：拾取加工对象。拾取要加工的模型。

③ 系统提示：拾取加工边界。拾取封闭的加工边界曲线，或者直接按鼠标右键拾取边界曲线。

④ 系统提示：正在计算轨迹，请稍候。

轨迹计算完成后，在屏幕上出现加工轨迹，同时在加工轨迹树上出现一个新节点。

思考与练习

一、填空题

1. CAXA 制造工程师可实现的铣加工包括：两轴加工、（　　　）加工和（　　　）加工。

2. 轨迹生成中主要包括：平面轮廓加工、（　　　）加工、（　　　）加工、（　　　）加工、（　　　）加工、（　　　）加工等。

二、简答题

1. 何为二轴半加工？何为三轴加工？各适用哪些场合？

2. 平面区域加工可以处理中间没有岛的情况吗？

三、操作题

按如图 5-30（a）所示给定的尺寸，用实体造型方法生成三维图，如图 5-30（b）所示，并采用适当的方法生成内型腔加工轨迹。

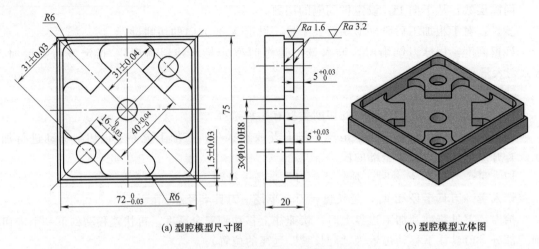

(a) 型腔模型尺寸图　　　　　　　(b) 型腔模型立体图

图 5-30　型腔模型尺寸图和立体图

任务五　凸轮外轮廓造型与加工

一、任务导入

按如图 5-31 给定的尺寸进行实体造型，凸轮厚 15mm，用直径为 10mm 的端面铣刀作渐开凸轮外轮廓的加工轨迹。通过该形体精加工轨迹生成的练习，初步学习数控编程精加工轨迹生成方法，掌握数控编程加工的操作技能。

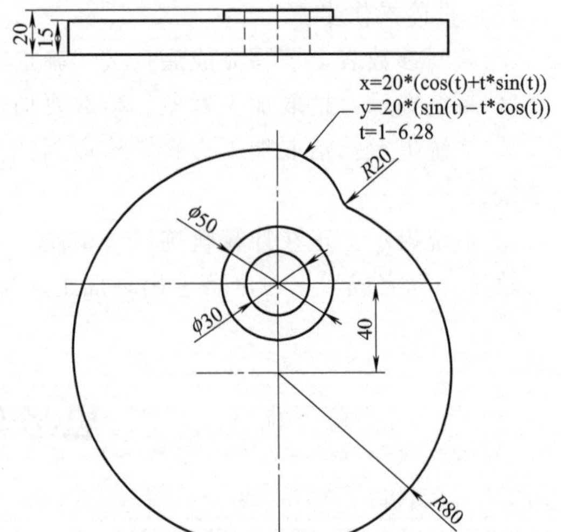

二、任务分析

从图 5-31 可以看出，该模型为凸轮形体，先建立实体模型，然后通过"轮廓线精加工"生成精加工轨迹。

$$x=20*(cos(t)+t*sin(t))$$
$$y=20*(sin(t)-t*cos(t))$$
$$t=1\text{-}6.28$$

图 5-31　凸轮零件尺寸图

三、仿真加工

1. 工艺选择

由于该凸轮的整体形状就是一个轮廓，所以粗加工采用平面区域粗加工方式，精加工采用平面轮廓精加工方式。加工坐标原点选择渐开线公式原点，将凸轮底部设置为坐标轴零点，用 R10 的端面铣刀在轮廓方向上作一次切削，厚度方向上分 3 层加工，每层深度 5mm。

2. 凸轮造型

（1）在"特征树"上拾取"平面 XY"。

（2）按 F2 键→按 F5 键，绘制草图。

（3）绘制渐开线公式曲线，"公式曲线"设置对话框如图 5-32 所示。

（4）绘制与该公式曲线相距"80"的等距线，如图 5-33 所示。

（5）绘制过原点的辅助垂线，如图 5-34 所示。

（6）绘制半径 $R80$ 的圆，圆心选择等距线与辅助垂线的交点，该圆将和渐开线相切，如图 5-34 所示。

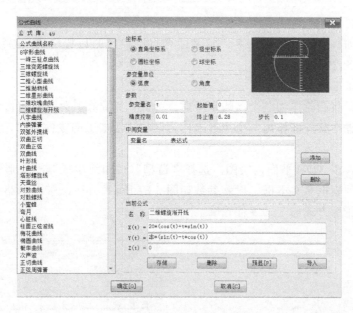

图 5-32　公式曲线参数设置

（7）作半径 $R20$ 的圆弧过渡。

（8）删除、裁剪多余线段，整理草图如图 5-35 所示。

（9）按 F2 键，"特征树"上生成"草图 0"。

（10）按 F8 键→单击"拉伸增料"图标 🗔 →"固定深度"→"反向拉伸"→输入"深度"15。在"特征树"上拾取"草图 0"→单击"确定"按钮。然后用"拉伸增料"和"拉伸除料"完成 $R25$ 凸台和 $R15$ 孔的造型，结果如图 5-36 所示。

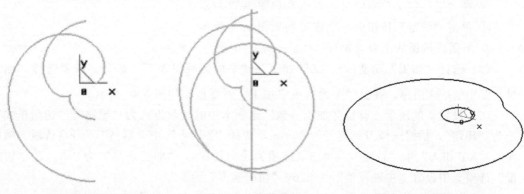

图 5-33　绘制等距线草图　　　　图 5-34　绘制圆草图　　　　图 5-35　绘制凸轮草图

3. 加工前的准备工作

（1）设定加工刀具。

设定加工刀具的操作步骤如下。

① 在特征树加工管理区内选择"刀具库"命令，弹出"刀具库管理"对话框。

② 增加铣刀。单击"增加刀具"按钮，在对话框中输入铣刀名称"D20，r2"，增加一个粗加工需要的铣刀。在对话框中输入铣刀名称"D12，r0"，增加一个精加工需要的铣刀。

（2）后置设置。

用户可以增加机床，给出机床名，定义适合自己机床的后置格式，系统默认的格式为FANUC系统的格式。

（3）设定加工毛坯。

在加工中可以将凸轮作为一个岛屿来考虑，为此，需要在其外部设置区域式粗加工的零件轮廓。那么考虑在其外部作出一个矩形来作为区域式粗加工的零件轮廓，然后依据该矩形作出零件毛坯。

① 按F5键，在XOY平面内绘图。选择"造型"→"曲线生成"→"矩形"命令。在绘图区左边弹出下拉列表框及文本框。设置参数如图5-37所示。以（-7，-28）为中心，确定该矩形作为平面轮廓方式加工的零件轮廓。

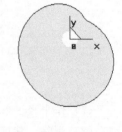

图5-36 拉伸凸轮实体　　　　　　　　图5-37 绘制毛坯轮廓

② 选择"轨迹管理"树→双击"毛坯"命令，或者选择特征树加工管理区的"毛坯"，弹出"定义毛坯"对话框。

③ 在"毛坯定义"中定义毛坯参数如图5-38所示。

④ 单击"确定"按钮后，生成毛坯如图5-39所示。

4. 平面区域粗加工刀具轨迹

（1）选择"加工"功能区→"二轴加工"→"平面区域粗加工"命令，或者选择"加工工具条"中的 图标，弹出"平面区域粗加工"对话框，如图5-40所示。

（2）设置切削用量。设置"加工参数"选项卡中的铣削方式为"顺铣"，"切削模式"设定为"环切"，根据选择刀具直径为20mm，选择"Z切入"中"层高"为1（该项为轴向切深），"XY切入"中"行距"为0.5（该项为径向切深），"加工余量"为0.5。在"切削用量"选项卡中设置"主轴转速"为320，"切削速度"为50。

（3）根据加工实际，设置"加工参数"和"下刀方式"选项卡。

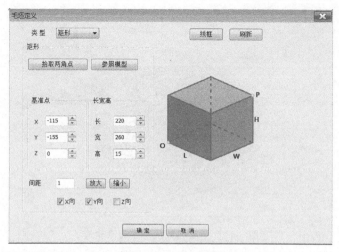

图 5-38 毛坯参数设置

图 5-39 生成毛坯模型

图 5-40 平面区域粗加工参数设置

（4）单击"刀具参数"选项卡，打开该选项卡→选择铣刀为"D20，r2"，设定铣刀的参数。

（5）单击"确定"按钮后，系统提示要求拾取轮廓，选择矩形外框作为轮廓。系统提示要求确定链搜索方向，单击在矩形上显示任一方向的箭头。系统继续提示要求拾取轮廓，此时直接右击。系统提示要求拾取岛屿，选择凸轮外轮廓。系统提示要求确定链搜索方向，单击在凸轮外轮廓上显示的任一方向的箭头。系统继续提示要求拾取岛屿，此时直接右击，以后系统开始计算，稍后得出轨迹，如图 5-41 所示。

（6）拾取粗加工刀具轨迹→右击选择"隐藏"命令，将粗加工轨迹隐藏，以便观察下面的精加工轨迹。

5. 平面轮廓线精加工刀具轨迹。

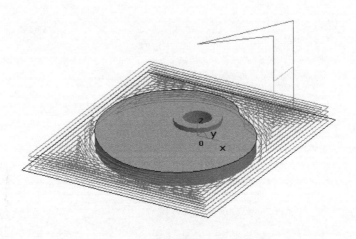

图 5-41　平面区域粗加工刀具轨迹

（1）选择"加工"功能区→"二轴加工"→"平面轮廓精加工"命令，或者选择"加工工具条"中的🔲图标，或者在特征树加工管理区空白处右击，在弹出对话框中选择"加工"→"精加工"→"平面轮廓精加工"命令，弹出"平面轮廓精加工"对话框，如图 5-42所示。

图 5-42　平面轮廓精加工参数设置

（2）设置切削用量。根据选择刀具直径为 12 mm，选择"Z 切入"中"层高"为 1（该项为轴向切深），"XY 切入"中"行距"为 0.5（该项为径向切深），"加工余量"为 0。在"切削用量"中设置"主轴转速"为 500，"切削速度"为 85，如图 5-43 所示。

（3）根据加工实际选择"切入切出"和"下刀方式"选项卡，与粗加工的设置相同。

（4）单击"刀具参数"标签，打开该选项卡，选择铣刀为"D12，r0"，设定铣刀的参数。

（5）单击"确定"按钮后，系统提示要求拾取轮廓，选择凸轮外轮廓。系统提示要求确定链搜索方向，单击在凸轮外轮廓上显示的任一方向的箭头。系统继续提示要求拾取轮廓，此时直接右击，以后系统开始计算，最后得出轨迹，如图 5-44 所示。

(a) 平面轮廓精加工加工参数设置　　　　　　　　(b) 平面轮廓精加工切削用量设置

图 5-43　平面轮廓精加工参数设置

6. 轨迹仿真

（1）单击"编辑"→"可见"，显示所有已经生成的加工轨迹。然后拾取加工轨迹，单击"确认"。或者在特征树加工管理区的粗加工刀具轨迹上右击，在弹出的快捷菜单中选择"显示"。

（2）选择"加工"→"仿真"命令，或者在特征树加工管理区空白处右击，在弹出的快捷菜单中选择"加工"→"轨迹仿真"，拾取粗加工/精加工的刀具轨迹，右击结束，系统进入加工仿真界面。

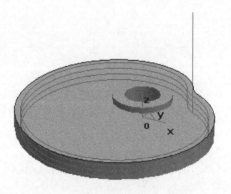

图 5-44　平面轮廓精加工刀具轨迹

（3）在加工选项卡中，单击仿真按钮 🔵，选择线框仿真，在弹出命令行中设置好参数后，系统进入仿真加工状态。

（4）仿真结束后，仿真结果如图 5-45 和图 5-46 所示。

（5）仿真检验无误后，退出仿真程序返回 CAXA 制造工程师 2016 的主界面。单击"文件"→"保存"，保存粗加工和精加工轨迹。

7. 生成 G 代码

（1）选择"加工"→"后置处理"→"生成 G 代码"命令，弹出"选择后置文件"对话框，填写加工代码文件名"凸轮粗加工"，单击"保存"按钮。

（2）拾取生成的粗加工的刀具轨迹→右击确认，将弹出的粗加工代码文件保存即可，如

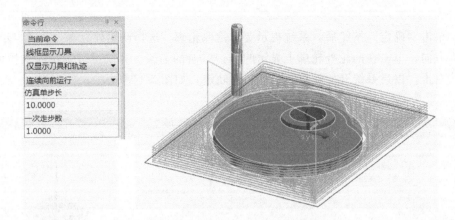

图 5-45　平面区域粗加工刀具轨迹仿真

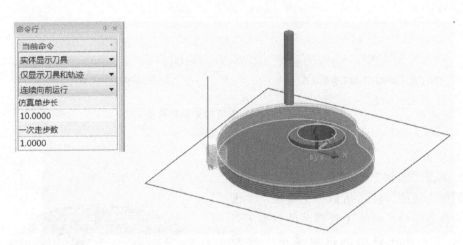

图 5-46　平面轮廓精加工刀具轨迹仿真

图 5-47 所示。

（3）用同样的方法生成精加工 G 代码。

四、知识拓展

平面轮廓精加工生成轮廓加工轨迹

1. 参数表说明

选择"加工"功能区→"二轴加工"→"平面轮廓精加工"菜单项，弹出对话框。

（1）偏移类型。

偏移类型有以下两种方式选择。根据偏移类型的选择、后面的参数可以在"偏移方向"或者"接近方法"间

图 5-47　凸轮粗加工 G 代码

切换。

偏移：对于加工方向，生成加工边界右侧还是左侧的轨迹。偏移侧由偏移方向指定。

边界上：在加工边界上生成轨迹。接近方法中指定刀具接近侧。

（2）偏移方向。

"偏移类型"选择为"偏移"时设定。对于加工方向，相对加工范围偏移在哪一侧，有以下两种选择。不指定加工范围时，以毛坯形状的顺时针方向作为基准。

右：在右侧生成偏移轨迹。

左：在左侧生成偏移轨迹。

（3）接近方法。

"偏移类型"选择为"边界上"时设定。对于加工方向，相对加工范围偏移在哪一侧，有以下两种选择。不指定加工边界时，以毛坯形状的顺时针方向作为基准。

右：生成相对于基准方向偏移在右侧的轨迹。

左：生成相对于基准方向偏移在左侧的轨迹。

（4）XY 切入。

XY 切入的设定有以下两种选择。

行距：输入 XY 方向的切削量。

残留高度：由球刀铣削时，输入铣削通过时的残余量（残留高度）。当指定残留高度时，会提示 XY 方向的切削量。

刀次：输入加工次数。

加工顺序：Z 方向切削和 XY 方向切削都设定复数回加工时，加工的顺序有以下两种选择。

Z 优先：生成 Z 方向优先加工的轨迹。

XY 优先：生成 XY 方向优先加工的轨迹。

（5）半径补偿。

生成半径补偿轨迹：选择是否生成半径补偿轨迹。不生成半径补偿轨迹时，在偏移位置生成轨迹。生成半径补偿轨迹时，对于偏移的形状再作一次偏移。这次轨迹生成在加工边界位置上，在拐角部附加圆弧。圆弧半径为所设定刀具的半径。

（6）参数。

加工精度：输入模型的加工精度。计算模型的轨迹的误差小于此值。加工精度越大，模型形状的误差也增大，模型表面越粗糙。加工精度越小，模型形状的误差也减小，模型表面越光滑，但是，轨迹段的数目增多，轨迹数据量变大。

加工余量：相对模型表面的残留高度，可以为负值，但不要超过刀角半径。

2．具体操作步骤

（1）填写参数表。填写完成后按"确定"或"悬挂"按钮。

（2）系统提示"拾取轮廓"。根据提示可以拾取多个轮廓。按鼠标右键结束拾取轮廓。也可以不拾取轮廓直接按鼠标右键，这是系统把毛坯最大外轮廓作为缺省轮廓。

（3）系统提示"正在计算轨迹，请稍候"。

思考与练习

按凸台模具图 5-48 所示尺寸完成其实体造型，并生成凸台模具轮廓加工轨迹。

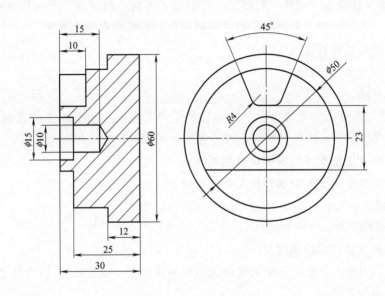

图 5-48 凸台模具尺寸图

任务六 鼠标的造型与加工

一、任务导入

完成如图 5-49 所示尺寸的鼠标实体造型，并生成加工轨迹。

二、任务分析

由图 5-49 可知鼠标的形状主要是由顶部曲面和轮廓曲面组成的，因此在构造实体时首先应使用拉伸增料生成实体特征，然后利用曲面剪裁生成顶部曲面，完成造型。

三、造型步骤

（1）单击状态树中的"平面XY"，确定绘制草图的基准面。屏

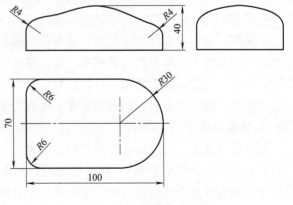

图 5-49 鼠标零件尺寸图

幕绘图区中显示一个虚线框,表明该平面被拾取到。

(2) 单击"绘制草图"按钮 ✏,或按 F2 键,进入绘制草图状态。

(3) 单击 ▢ 按钮,在"立即菜单"中选择"两点矩形"方式。按回车键,弹出坐标输入条,输入起点坐标(−70,35,0),按回车键确定。再次按回车键,弹出坐标输入条,输入终点坐标(30,−35,0),按回车键确定。矩形生成如图 5-50 所示。

(4) 单击 ◔ 按钮,在"立即菜单"中选择"三点圆弧"方式。按空格键弹出"点工具"菜单,单击"切点"。依次单击最上面的直线,最右面的直线和下面的直线,就生成与这 3 条直线相切的圆弧,如图 5-51 所示。

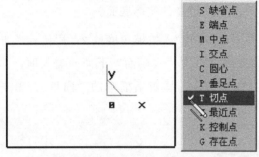

图 5-50　绘制矩形草图

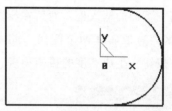

图 5-51　绘制 R30 半圆形草图

(5) 单击"曲线裁剪"按钮 ✂,在"立即菜单"中选择"快速裁剪"和"正常裁剪"。按状态栏提示拾取被裁剪曲线,单击上面直线的右段,单击下面直线的右段,裁剪完成,结果如图 5-52 所示。

(6) 单击"删除"按钮 ✏,单击右边的直线,按右键确认将其删除。

(7) 单击"草图环检查"按钮 ⬆,弹出"检查结果"对话框,如图 5-53 所示,单击"确定"。表明草图是闭合的可以进行后续操作。

(8) 单击 ✏ 按钮,退出草图状态。按 F8 键,把显示状态切换到轴测图状态下,如图 5-54 所示。

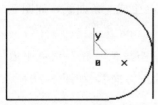

图 5-52　整理草图

图 5-53　草环检查

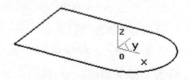

图 5-54　草图轴测显示

(9) 单击 按钮,弹出"拉伸增料"对话框。输入"深度"值 40,如图 5-55 所示,选择草图,单击"确定"按钮,生成鼠标基本体,如图 5-56 所示。

(10) 单击 按钮,弹出"过渡"对话框。输入半径值 6。如图 5-57 所示,选择需要过渡的元素:单击实体左面的两条竖边,两条边显示成红色,单击"确定"按钮,过渡完成,如图 5-58 所示。

图 5-55　拉伸增料参数设置

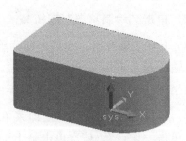

图 5-56　拉伸增料实体

（11）单击 按钮，按住鼠标左键旋转实体，直到可以看到实体底面。

（12）单击 按钮，弹出"拔模"对话框。在对话框中输入拔模角度值 2，用鼠标单击"中立面"下面的输入框，然后在绘图区单击实体底面。单击"拔模面"下面的输入框，并在绘图区内点取实体两个侧面，此时出现拔模方向箭头，选择对话框中的"向里"。单击"确定"按钮，生成 2 度的拔模斜度，如图 5-59 所示。

图 5-57　拔模参数设置

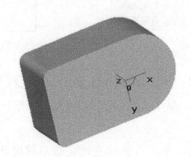

图 5-58　实体过渡

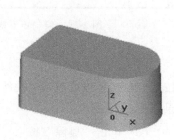

图 5-59　拔模实体

（13）单击 按钮，在"立即菜单"中选择逼进方式。按回车键，弹出输入条，输入坐标值（－75，0，15），按回车键确认。再依次输入坐标点（－40，0，25）、（0，0，40）、（20，0，25）、（40，0，15）。输入完 5 个点后，按鼠标右键，就会生成一条曲线，如图 5-60所示。

（14）单击"扫描面"按钮 ，在"立即菜单"中输入起始距离值－40，扫描距离值80，角度值0。按空格键，弹出"矢量工具"菜单，选择"Y轴正方向"，如图 5-61 所示。单击"样条曲线"，扫描面生成，如图 5-62 所示。

（15）单击 按钮，弹出"曲面裁剪除料"对话框，如图 5-63 所示。拾取曲面，会显示出一个向下的箭头，用鼠标单击对话框中的"除料方向选择"，把箭头切换成向上，如图5-64 所示。单击"确定"按钮，曲面裁剪完成，如图 5-65 所示。

（16）单击 按钮，删除曲面和曲线，结果如图 5-65 所示。

（17）单击 按钮，弹出过渡对话框。输入半径值 4，拾取顶部边界 4 条曲线，单击"确定"按钮，过渡完成。鼠标模型生成如图 5-66 所示。

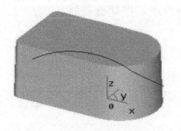

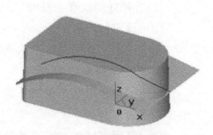

图 5-60　绘制扫描曲线

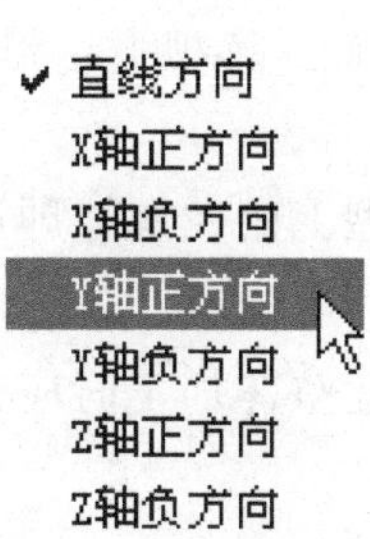

直线方向 ✓
X轴正方向
X轴负方向
Y轴正方向
Y轴负方向
Z轴正方向
Z轴负方向

图 5-61　扫描方向选择

图 5-62　生成扫描曲面

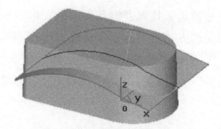

图 5-63　曲面裁剪除料设置

图 5-64　曲面裁剪除料方向选择

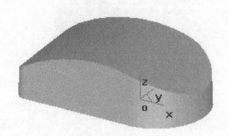

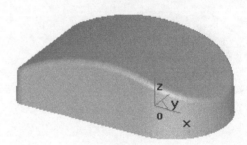

图 5-65　鼠标实体

图 5-66　鼠标实体过渡

四、仿真加工

1. 加工前的准备工作

（1）设定加工刀具。

① 在特征树加工管理区内选择"刀具库"命令，弹出"刀具库管理"对话框。

增加铣刀。单击"增加刀具"按钮，在对话框中输入铣刀名称"D10，r3"，增加一个粗加工需要的铣刀。在对话框中输入铣刀名称"D10，r0"，增加一个精加工需要的铣刀。

②设定增加的铣刀的参数。在"刀具库管理"对话框中键入正确的数值，刀具定义即可完成。其中的刀刃长度和刃杆长度与仿真有关而与实际加工无关，在实际加工中要正确选择吃刀量和吃刀深度，以免刀具损坏。

（2）后置设置。

用户可以增加当前使用的机床，给出机床名，定义适合自己机床的后置格式。系统默认的格式为 FANUC 系统的格式。

① 选择"加工"→"后置处理"→"后置设置"命令，弹出"后置设置"对话框。

② 增加机床设置。选择当前机床类型。

③ 后置处理设置。打开"后置设置"选项卡，根据当前的机床，设置各参数。

（3）设定加工范围。

此例的加工范围直接拾取曲面造型上的轮廓线即可。

2. 鼠标常规加工

鼠标的整体形状是较为平坦，因此整体加工时应该选择平面区域粗加工，精加工时应采用参数线加工。

（1）平面区域粗加工刀具轨迹生成。

① 按 F5 键，在 *XOY* 平面内绘图。选择"曲线"→"曲线生成"→"矩形"命令。在绘图区左边弹出下拉列表框及文本框。以（−20,0）为中心，确定该 120mm×85mm 矩形作为平面轮廓方式加工的零件轮廓，如图 5-67 所示。

② 选择"轨迹管理"→"毛坯"命令，或者选择特征树加工管理区的"毛坯"。弹出"定义毛坯"对话框。在"毛坯定义"中定义毛坯参数如图 5-68 所示。

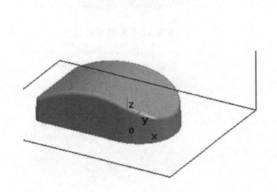

图 5-67　绘制毛坯轮廓

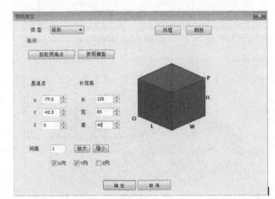

图 5-68　定义毛坯参数设置

③ 选择"加工"功能区→"二轴加工"→选择"平面区域粗加工"→系统弹出"平面区域粗加工"对话框，如图 5-69 所示。

④ 设置切削用量。设置"加工参数"选项卡中的铣削方式为"顺铣"，"切削模式"设定为"环切"，根据选择刀具直径为10mm，选择"Z切入"中"层高"为1（该项为轴向切深），"XY切入"中"行距"为5，"加工余量"为0.1。在"切削用量"选项卡中设置"主轴转速"为420，"切削速度"为100，如图 5-69 所示。

⑤ 填写完参数表后，单击"确认"按钮，系统提示拾取轮廓，鼠标单击矩形轮廓线。

⑥ 选择轮廓线拾取方向，系统继续提示要求拾取岛屿，拾取鼠标底边线，右击鼠标，以后系统开始计算，稍后得出轨迹如图 5-70 所示。

（2）参数线加工刀具轨迹。

① 选择"加工"功能区→"三轴加工"→"参数线精加工"→弹出"参数线精加工"对话框。设置"加工参数"，如图 5-71 所示。设置"切削用量""下刀方式""刀具参数"。

② 单击"确定"按钮→拾取鼠标上曲面→右击→拾取长方体上表面的一个角点作为进刀点→右击（走刀方向正确）→右击（加工曲面的方向正确）→右击（没有干涉曲面），生成的刀具轨迹如图 5-72 所示。

图 5-69　平面区域粗加工参数设置

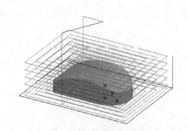

图 5-70　平面区域粗加工刀具轨迹

图 5-71　参数线精加工参数设置

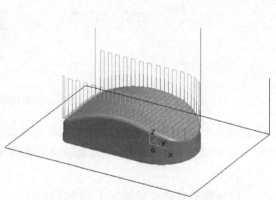

图 5-72　参数线加工刀具轨迹

（3）轨迹仿真。

① 单击"显示"→"可见"，显示所有已经生成的加工轨迹。然后拾取加工轨迹，单击"确认"按钮。或者在特征树加工管理区的粗加工刀具轨迹上右击，在弹出的快捷菜单中选择"显示"。

② 选择"加工"→"轨迹仿真"命令，或者在特征树加工管理区空白处右击，在弹出的快捷菜单中选择"加工"→"轨迹仿真"，拾取粗加工/精加工的刀具轨迹，右击结束，系统进入加工仿真界面。

③ 单击"仿真加工"按钮 ●，在弹出的界面中设置好参数后单击"仿真开始"按钮，系统进入仿真加工状态。仿真结束后，仿真结果如图 5-73 和图 5-74 所示。

（4）生成 G 代码

① 选择"加工"→"后置处理"→"生成 G 代码"命令，弹出"选择后置文件"对话框，

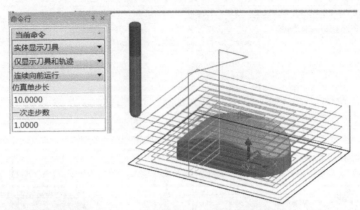

图 5-73　区域式粗加工刀具轨迹仿真

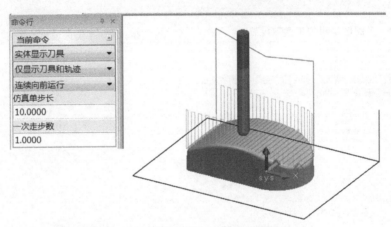

图 5-74　参数线精加工刀具轨迹仿真

填写加工代码文件名"鼠标加工"，单击"保存"按钮。

② 拾取生成的粗加工的刀具轨迹，右击确认，将弹出的粗加工代码文件保存即可，如图 5-75 所示。

用同样的方法生成精加工 G 代码。

五、知识拓展

参数线精加工：生成沿参数线加工轨迹。

1. 参数表说明

选择"加工"功能区→"三轴加工"→"参数线精加工"菜单项，弹出对话框。

加工参数

（1）切入切出方式。

不设定：不使用切入切出。

直线：沿直线垂直切入切出。

长度：直线切入切出的长度。

图 5-75　鼠标粗加工 G 代码

圆弧：沿圆弧切入切出。

半径：圆弧切入切出的半径。

矢量：沿矢量指定的方向和长度切入切出。

xyz：矢量的三个分量。

强制：强制从指定点直线水平切入到切削点，或强制从切削点直线水平切出到指定点

xy：在与切削点相同高度的指定点的水平位置分量。

（2）行距定义方式。

残留高度：切削行间残留量距加工曲面的最大距离。

刀次：切削行的数目。

行距：相邻切削行的间隔。

（3）遇干涉面。

抬刀：通过抬刀，快速移动，下刀完成相邻切削行间的连接。

投影：在需要连接的相邻切削行间生成切削轨迹，通过切削移动来完成连接。

（4）限制面。

限制加工曲面范围的边界面，作用类似于加工边界，通过定义第一和第二系列限制面可以将加工轨迹限制在一定的加工区域内。

第一系列限制面：定义是否使用第一系列限制面。

无：不使用第一系列限制面。

有：使用第一系列限制面。

第二系列限制面：定义是否使用第二系列限制面。

无：不使用第一系列限制面。

有：使用第一系列限制面。

（5）走刀方式。

往复：生成往复的加工轨迹。

单向：生成单向的加工轨迹。

（6）干涉检查。

定义是否使用干涉检查，防止过切。

否：不使用干涉检查。

是：使用干涉检查。

（7）加工精度。

加工精度：输入模型的加工精度。计算模型的轨迹的误差小于此值。加工精度越大，模型形状的误差也增大，模型表面越粗糙。加工精度越小，模型形状的误差也减小，模型表面越光滑，但是，轨迹段的数目增多，轨迹数据量变大。

加工余量：相对模型表面的残留高度，可以为负值，但不要超过刀角半径。

干涉（限制）余量：处理干涉面或限制面时采用的加工余量。

（8）加工坐标系。

生成轨迹所在的局部坐标系，单击加工坐标系按钮可以从工作区中拾取。

（9）起始点。

刀具的初始位置和沿某轨迹走刀结束后的停留位置，单击起始点按钮可以从工作区中拾取。

2. 具体操作步骤

（1）填写参数表。填写完成后按"确定"或"悬挂"按钮。

（2）系统提示"拾取加工对象"。拾取曲面，拾取的曲面参数线方向要一致。按鼠标右键结束拾取。

（3）系统提示"拾取进刀点"。拾取曲面角点。

（4）系统提示"切换方向"。按鼠标左键切换加工方向，按鼠标右键结束。

（5）系统提示"改变曲面方向"。拾取要改变方向的曲面，按鼠标右键结束。

（6）系统提示"拾取干涉曲面"。拾取曲面，按鼠标右键结束。

（7）系统提示"正在计算轨迹，请稍候"。轨迹计算完成后，在屏幕上出现加工轨迹。

思考与练习

完成鼠标型腔凹模的造型，并生成加工轨迹。图中未注圆角半径均为10。型腔底面样条线4个型值点的坐标为（−30，0，25）、（20，0，10）、（40，0，15）和（70，0，20），如图5-76所示。

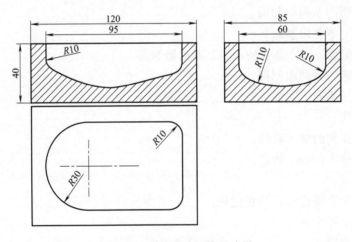

图 5-76 鼠标型腔凹模尺寸图

任务七 五角星造型与加工

一、任务导入

绘制如图5-77所示五角星的实体造型，并生成加工轨迹。

二、任务分析

由图5-77可知五角星的形状主要是由多个空间面组成的，因此在构造实体时首先应使用空间曲线构造实体的空间线架，然后利用直纹面生成曲面，可以逐个生成也可以将生成的一个角的曲面进行圆形均布阵列，最终生成所有的曲面。最后使用曲面裁剪实体的方法生成实体，完成造型。

三、造型步骤

（1）根据图 5-77 五角星零件尺寸图，完成其曲面造型，如图 5-78 所示，共有 11 个曲面，如图 5-79 所示，具体作图过程略。

（2）选择 XY 面为基准平面，在草图状态下，绘制 R60 的圆图形。草图编辑完成后，退出草图状态，然后通过拉伸增料特征造型生成高 30 的圆柱体，如图 5-80 所示。

（3）单击特征工具栏上的"曲面裁剪除料"按钮，用鼠标拾取已有的各个曲面，并且选择除料方向，如图 5-81 所示，单击"确定"按钮完成。

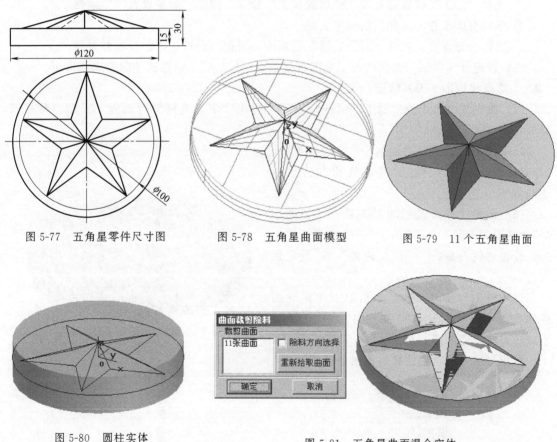

图 5-77 五角星零件尺寸图　　图 5-78 五角星曲面模型　　图 5-79 11 个五角星曲面

图 5-80 圆柱实体　　　　　　　图 5-81 五角星曲面混合实体

（4）单击并选择"编辑"→"隐藏"，用鼠标从右向左框选实体（用鼠标单个拾取曲面），单击右键确认，实体上的曲面就被隐藏了。

四、仿真加工

1. 加工前的准备工作

（1）设定加工刀具。

① 在特征树加工管理区内选择"刀具库"命令,弹出"刀具库管理"对话框。

增加铣刀:单击"增加刀具"按钮,在对话框中输入铣刀名称"D10,r3",增加一个粗加工需要的铣刀;在对话框中输入铣刀名称"D10,r0",增加一个精加工需要的铣刀。

一般都是以铣刀的直径和刀角半径来表示,刀具名称尽量和工厂中用刀的习惯一致。刀具名称一般表示形式为"D10,r3",D代表刀具直径,r代表刀角半径。

② 设定增加的铣刀的参数。在"刀具库管理"对话框中键入正确的数值,刀具定义即可完成。其中的刀刃长度和刃杆长度与仿真有关而与实际加工无关,在实际加工中要正确选择吃刀量和吃刀深度,以免刀具损坏。

(2) 后置设置。用户可以增加当前使用的机床,给出机床名,定义适合自己机床的后置格式。系统默认的格式为FANUC系统的格式。

① 选择"加工"→"后置处理"→"后置设置"命令,弹出"后置设置"对话框。

② 增加机床设置。选择当前机床类型。

③ 后置处理设置。打开"后置处理"选项卡,根据当前的机床,设置各参数。

(3) 设定加工范围。此例的加工范围直接拾取实体造型上的圆柱体的轮廓线即可。

2. 等高线粗加工刀具轨迹。

(1) 单击主菜单中的"加工"项→"毛坯"→弹出"定义毛坯"对话框,采用"参照模型"方式定义毛坯。

(2) 选择"加工"功能区→"三轴加工"→"等高线粗加工"→弹出"等高线粗加工"对话框。

(3) 设置"等高线粗加工参数""切削用量""进退刀参数""下刀方式",安全高度设为50;设置"铣刀参数""加工边界",Z设定最大为30。

(4) 单击"确定"按钮→拾取五角星→圆柱体轮廓线→拾取轮廓搜索方向箭头→右击,生成的刀具轨迹如图5-82所示。

单步显示刀具轨迹仿真,如图5-83所示。

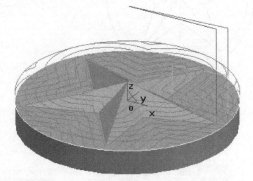

图5-82 等高线粗加工刀具轨迹

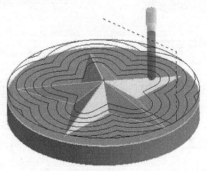

图5-83 等高线粗加工刀具轨迹仿真

3. 等高线精加工。

（1）单击"轨迹管理"树→"毛坯"→弹出"定义毛坯"对话框，采用"参照模型"方式定义的毛坯。

（2）选择"加工"功能区→"三轴加工"→"等高线精加工"→弹出"等高线精加工"对话框。

（3）设置"加工参数""切削用量""进退刀参数""下刀方式""铣刀参数""加工边界"。

（4）单击"确定"按钮→拾取加工曲面→拾取加工边界→右击，生成的刀具轨迹如图 5-84 所示。

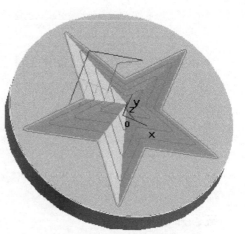

图 5-84　等高线精加工刀具轨迹

单步显示刀具轨迹仿真，如图 5-85 所示。

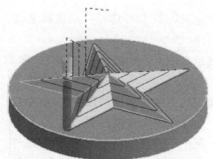

图 5-85　等高线精加工刀具轨迹仿真

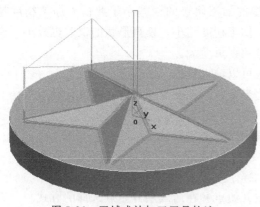

图 5-86　区域式补加工刀具轨迹

4. 区域式补加工

（1）单击"轨迹管理"树→"毛坯"→弹出"定义毛坯"对话框，采用"参考模型"方式定义毛坯。

（2）单击主菜单中的"加工"项→"等高线加工"→弹出"区域式补加工"对话框。

（3）设置"加工参数""切削用量""进退刀参数""下刀方式""铣刀参数"。

（4）单击"确定"按钮→拾取加工对象→右击→拾取轮廓边界→右击，生成的刀具轨迹如图 5-86 所示。单步显示刀具轨迹仿真，如图 5-87 所示。仿真检验无误后，可保存粗/精加工轨迹。

5. 生成 G 代码

（1）单击"加工"→"后置处理"→"生成 G 代码"，在弹出的"选择后置文件"对话框中给定要生成的 NC 代码文件名（五角星 .cut）及其存储路径，单击"确定"按钮退出。

（2）分别拾取粗加工轨迹、精加工轨迹和补加工轨迹，按右键确定，生成加工 G 代码。

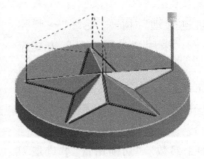

图 5-87　区域式补加工刀具轨迹仿真

五、知识拓展

等高线精加工：生成等高线精加工轨迹。

参数表说明：点取"加工"→"三轴加工"→"等高线精加工"菜单项，弹出对话框。

（1）加工方向。

加工方向设定有以下 2 种选择：顺铣和逆铣。

（2）加工顺序。

加工顺序设定有以下两种选择，区域优先和深度优先以及从上向下和从下向上。

（3）层高。

层高：Z 向每加工层的切削深度。

最大步距：两个刀位点之间的最大距离。

最小步距：两个刀位点之间的最小距离。

平坦部的等高补加工：对平坦部位进行 2 次补充加工。

（4）精度和余量。

加工精度：输入模型的加工精度。计算模型的加工轨迹的误差小于此值。加工精度越大，模型形状的误差也增大，模型表面越粗糙。加工精度越小，模型形状的误差也减小，模型表面越光滑。但是，轨迹段的数目增多，轨迹数据量变大。

加工余量：输入相对加工区域的残余量，也可以输入负值。

区域参数内容包括：加工边界参数、工件边界参数、坡度范围参数、高度范围参数、下刀点参数和补加工参数等 6 项。

坡度范围参数：选择使用后能够设定倾斜面角度和加工区域。

① 斜面角度范围。在斜面的起始和终止角度内填写数值来完成坡度的设定。

② 加工区域。选择所要加工的部位是在加工角度以内还是在加工角度以外。

下刀点参数：选择使用下刀点参数能够拾取开始点和在后续层开始点选择的方式。

① 开始点。加工时加工的起始点。

② 在后续层开始点选择的方式。在移动给定的距离后的点下刀。

思考与练习

1. 按下列某五角星模型图尺寸编制 CAM 加工程序，已知毛坯零件尺寸为 110mm×

110mm×40mm，五角星原高 15mm，五角星外接圆半径为 R40，如图 5-88 所示。

要求：（1）合理安排加工工艺路线和建立加工坐标系。

（2）应用适当的加工方法编制完整的 CAM 加工程序，后置处理格式按 FANUC 系统要求生成。

2. 根据如图 5-89 视图所示，绘制五角星的轴测图，并生成加工轨迹。

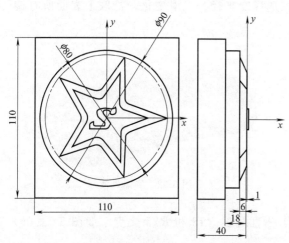

图 5-88　五角星模型尺寸图

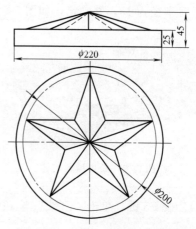

图 5-89　五角星零件尺寸图

任务八　香皂模型造型与加工

一、任务导入

按下列某香皂模型图尺寸造型并编制 CAM 加工程序，过渡半径为 15，如图 5-90 所示。香皂模型的毛坯尺寸为：100mm×80mm×25mm，材料为铝材。

（1）直径为 $\phi 8mm$ 的端铣刀作等高线粗加工。

（2）直径为 $\phi 10mm$，圆角为 R2 的圆角铣刀作等高线精加工。

（3）用直径为 $\phi 0.2mm$ 的雕铣刀作扫描线精加工，加工文字图案。

二、任务分析

香皂的造型可通过拉伸、变半径过渡、裁剪、布尔运算等实体特征及放样面的生成的方法完成。香皂模型周围为曲面可以用等高线粗加工、等高线精加工完成加工，上面较平坦用扫描线精加工完成加工。

三、造型步骤

1. 香皂模型的造型

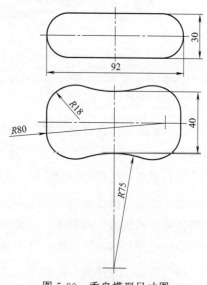

图 5-90　香皂模型尺寸图

（1）在"曲线"中 XY 平面，单击"绘制草图"按钮 ，进入草图绘制状态，绘制草图。

（2）单击特征工具栏上的"拉伸增料"按钮 ，在固定深度对话框中输入深度＝15，并确定，结果如图 5-91 所示。

（3）单击特征工具栏的"过渡"按钮 ，选择变半径、光滑变化，拾取上表面所有棱线，过渡半径为 15，并确定，如图 5-92 所示。

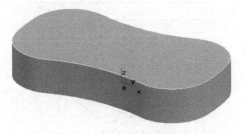　　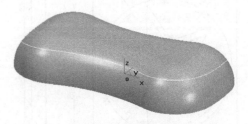

图 5-91　拉伸增料实体　　　　　　　　　　图 5-92　实体过渡

（4）按 F5 键，单击"直线"按钮 ，作一直线过 $R18$ 和 $R75$ 交点，如图 5-93（a）所示。

单击"扫描面"按钮 ，输入起始距离－20，扫描距离 40，扫描 Z 轴正方向，拾取直线，作出扫描面，如图 5-93（b）所示。

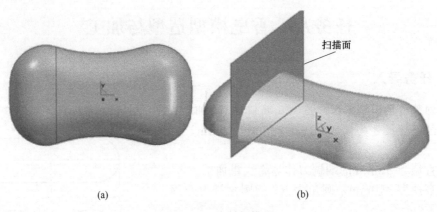

（a）　　　　　　　　　　　　　　　（b）

图 5-93　绘制扫描面

（5）单击"曲面裁剪除料"按钮 ，拾取扫描面，如图 5-94 所示。确定后隐藏直线和扫描面。

（6）单击"相关线"按钮 ，选择实体边界，拾取实体边界确定，结果如图 5-95 所示。

（7）单击"曲线组合"按钮 ，选择删除原曲线，拾取实体边界线组合成一条曲线后，将特征树中的裁剪特征删除，结果如 5-96 所示。

（8）用同样的方法作出香皂中间和右侧的另外两条曲线，如图 5-97 所示。

（9）单击"放样面"按钮 ，选择单截面线，依次拾取 3 条曲线，生成放样面，如图 5-98 所示。

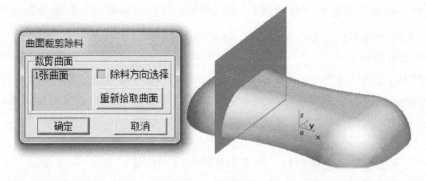

图 5-94　曲面裁剪

实体边界线

图 5-95　曲面裁剪除料实体

图 5-96　绘制放样曲线

图 5-97　绘制放样曲线

图 5-98　生成放样面

（10）单击"等距面"按钮 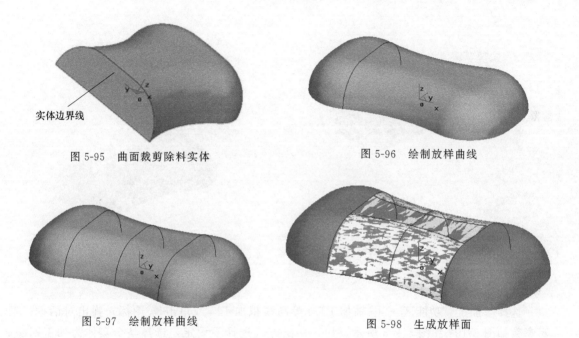，选择放样面，等距距离为 1，方向朝下。

（11）单击"消隐显示按钮 ⬡，单击香皂上平面，按 F2 键，进入草图状态，绘制草图，单击"A 文字"按钮 **A**，弹出如图 5-99（a）对话框，输入字体。

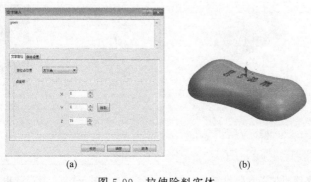

（a）　　　　　　　　　　（b）

图 5-99　拉伸除料实体

（12）单击特征工具栏的"拉伸除料"按钮 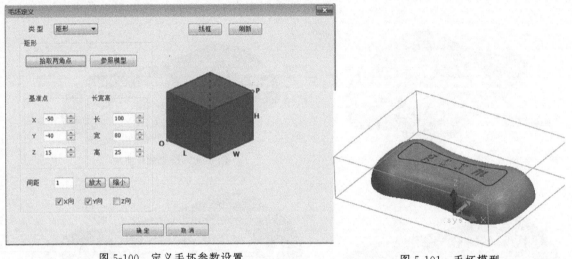，选择拉伸到面，拾取等距面并确定，隐藏扫描面，单击"真实感显示"按钮 ，结果如图 5-99（b）所示。

2. 香皂模型的加工

香皂模型的毛坯尺寸为 $100mm \times 80mm \times 25mm$，材料为铝材。零件整体形状平坦，非常适合采用等高线粗加工和等高线精加工完成加工。零件的底部中心为坐标原点，因零件的最高点 Z 坐标为 15，所以安全高度设为 50，起始点坐标为（0，0，50）。

（1）定义毛坯。

单击"定义毛坯"菜单或图标，定义毛坯的尺寸和位置，如图 5-100 所示。毛坯显示如图 5-101 所示。

图 5-100　定义毛坯参数设置　　　　　　　图 5-101　毛坯模型

（2）等高线粗加工。

选择"加工"功能区→"三轴加工"→等高线粗加工，或单击 图标，弹出对话框，填写参数如图 5-102 和图 5-103 所示。切入切出方式选择不设定，选择整个实体为加工对象，刀具轨迹如图 5-104 所示。

图 5-102　等高线粗加工参数设置

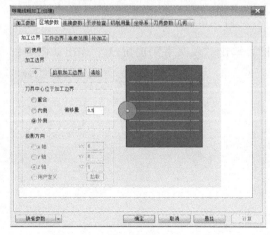

图 5-103　等高线粗加工边界设置

（3）等高线精加工。

选择"加工"功能区→"三轴加工"→等高线精加工，或单击 图标，弹出对话框，填写参数。切入切出方式方式选择不设定，选择整个实体为加工对象，刀具轨迹及仿真结果如图 5-105 和图 5-106 所示。

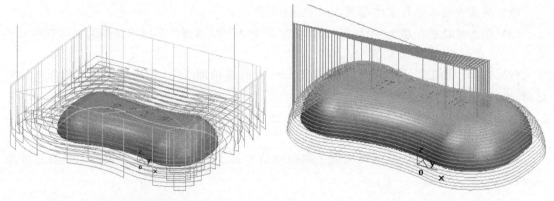

图 5-104　等高线粗加工刀具轨迹　　　　图 5-105　等高线精加工刀具轨迹

 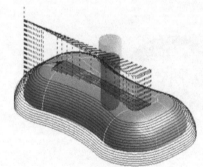

图 5-106　等高线精加工刀具轨迹仿真

（4）扫描线精加工。

选择"加工"功能区→"三轴加工"→"扫描线精加工"，或单击 图标，弹出对话框，填写参数，刀具加工边界选择在边界上，选择花纹所在曲面为加工对象，拾取花纹边界为加工边界，刀具轨迹如图 5-107 所示。

五、知识拓展

等高线加工方法可以用加工范围和高度限定进行局部等高加工。可以自动在轨迹尖角拐角处增加圆弧过渡，保证轨迹的光滑，使生成的加工轨迹适用于高速加工。还可以通过输入角度控制对平坦区域的识别，并可以控制平坦区域的加工先后次序。基于等高线加工的诸多优点，使用者在使用时，应该优先考虑这种加工

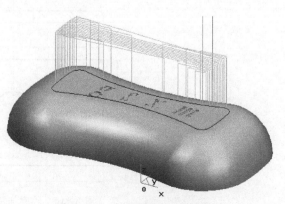

图 5-107　扫描线精加工刀具轨迹

方式。

平坦面是个相对概念，因此，应给定一角度值来区分平坦面或陡峭面，即给定平坦面的"最小倾斜角度"。在指定值以下的面被认为是平坦部，不生成等高线路径，而生成扫描线路径。

例如用等高线精加工加工 $S\phi 80$ 球体上表面。

(1) 按实例要求进行实体造型，如图 5-108 所示。

(2) 单击"轨迹"项→"毛坯"→弹出"定义毛坯"对话框，采用"参照模型"方式定义毛坯。

(3) 选择"加工"功能区→"三轴加工"→"等高线精加工"→弹出"等高线精加工"对话框。

(4) 设置"加工参数""切削用量""进退刀参数""下刀方式""铣刀参数""加工边界"。

(5) 单击"确定"按钮→拾取加工曲面→拾取加工边界→右击，生成的刀具轨迹如图 5-109 所示。

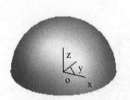

图 5-108　球体模型

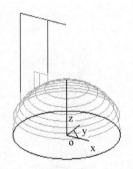

图 5-109　等高线精加工刀具轨迹

思考与练习

按下列模型图尺寸造型并编制外轮廓 CAM 加工程序，如图 5-110 所示。

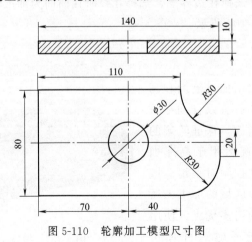

图 5-110　轮廓加工模型尺寸图

任务九　可乐瓶底造型和加工

一、任务导入

按下列可乐瓶底曲面模型尺寸造型并编制加工程序，如图 5-111 所示。可乐瓶底曲面造型和凹模型腔造型如图 5-112 所示。

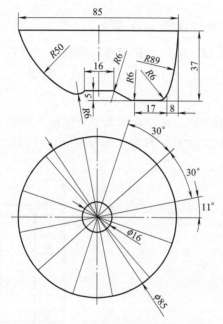

图 5-111　可乐瓶底曲面模型尺寸图

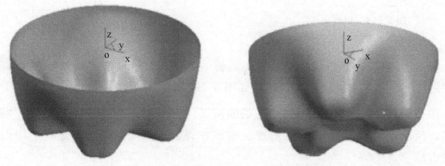

图 5-112　可乐瓶底曲面造型和凹模型腔造型

二、任务分析

如图 5-111 所示，可乐瓶底的表面主要由曲面构成，造型比较复杂。由于直接用实体造型不能完成，所以先利用 CAXA 制造工程师强大的曲面造型功能作出曲面，再利用曲面裁剪除料生成凹模型腔。可乐瓶底的侧表面可以用网格面来生成，因为是由 5 个完全相同的部分组成的，我们只要作出一个突起的两根截面线和一个凹进的一根截面线，然后进行环形阵列就可以得到其他几个突起和凹进的所有截面线，最后使用网格面功能生成曲面。可乐瓶底的最下面的平面我们使用直纹面中的"点＋曲线"方式来作，这样做的好处是在作加工时两张面（直纹面和网格面）可以一同用参数线加工。最后以瓶底的上口为准，构造一个立方体实体，然后用可乐瓶底的两张面把不需要的部分裁剪掉，就可以得到我们要求的凹模型腔实体。

三、造型步骤

1. 凹模型腔的造型

（1）按下 F7 键将绘图平面切换到 *XOZ* 平面。

（2）单击"矩形"按钮 ▢，在"立即菜单"中选择"中心＿长＿宽"方式，输入长度 42.5，宽度 37，输入（21.25，0，－10.5）为中心点，绘制一个 42.5mm×37mm 的矩形，如图 5-113 所示。

（3）单击"等距线"按钮 ⌐⌐，在"立即菜单"中输入距离 3，拾取矩形的最上面一条边，选择向下箭头为等距方向，生成距离为 3 的等距线。相同的等距方法，生成如图 5-114 所示尺寸标注的各个等距线。

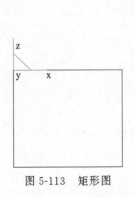

图 5-113　矩形图

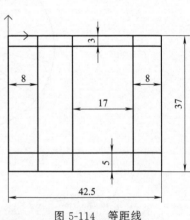

图 5-114　等距线

（4）单击"裁剪"按钮 🖉，拾取需要裁剪的线段，然后单击"删除"按钮 ⌀，拾取需要删除的直线，按右键确认删除，结果如图 5-115 所示。

（5）作过 P1、P2 点且与直线 L1 相切的圆弧。单击"圆弧"按钮 ⌒，选择"两点＿半径"方式，拾取 P1 点和 P2 点，然后按空格键在弹出的点工具菜单中选择"切点"命令，拾取直线 L1。

（6）作过 P4 点且与直线 L2 相切，半径为 6 的圆 R6。单击"整圆"按钮 ⊕，拾取直线 L2，切换点工具为"缺省点"命令，然后拾取 P4 点，按回车键输入半径 6。

（7）作过直线端点 P3 和圆 R6 的切点的直线。单击"直线"按钮 ╱，拾取 P3 点，切换点工具菜单为"切点"命令，拾取圆 R6 上一点，得到切点 P5，结果如图 5-116 所示。

（8）作与圆 R6 相切过点 P5，半径为 6 的圆 C1。单击"整圆"按钮 ⊕，选择"两点_半径"方式,切换点工具为"切点"命令,拾取 $R6$ 圆。切换点工具为"端点",拾取 $P5$ 点,按回车键输入半径 6。

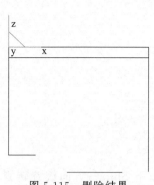

图 5-115　删除结果

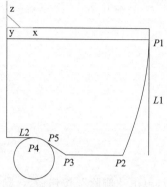

图 5-116　基本过程(1)

(9) 作与圆弧 $C4$ 相切,过直线 $L3$ 与圆弧 $C4$ 的交点,半径为 6 的圆 $C2$。单击"整圆"按钮 ⊕,选择"两点_半径"方式,切换点工具为"切点"命令,拾取圆弧 $C4$。切换点工具为"交点"命令,拾取 $L3$ 和 $C4$ 得到它们的交点,按回车键输入半径 6。

(10) 作与圆 $C1$ 和 $C2$ 相切,半径为 50 的圆弧 $C3$。单击"圆弧"按钮,选择"两点_半径"方式,切换点工具为"切点"命令,拾取圆 $C1$ 和 $C2$,按回车键输入半径 50,结果如图 5-117 所示。

(11) 单击"移动"按钮,选择"拷贝"方式,复制一条圆弧 $C4$。在圆弧 $C4$ 上单击鼠标右键选择"隐藏"命令,将一条隐藏。

(12) 单击"裁剪"按钮 ✂ 和"删除"按钮,去掉不需要的部分,结果如图 5-118 所示。

(13) 按下 F5 键将绘图平面切换到 XOY 平面,然后再按 F8 显示其轴测图。

(14) 单击"平面旋转"按钮,在"立即"菜单中选择"拷贝"方式,输入角度 41.10°,拾取坐标原点为旋转中心点,然后框选所有线段,单击右键确认,结果如图 5-119 所示。

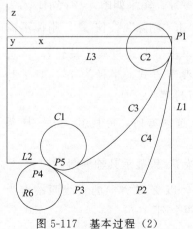

图 5-117　基本过程(2)

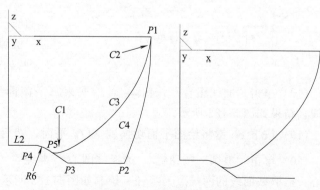

图 5-118　基本过程(3)

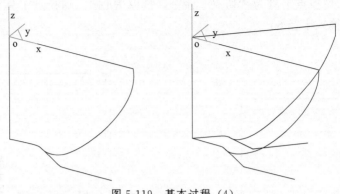

图 5-119　基本过程（4）

（15）单击"删除"按钮✎，删掉不需要的部分。按下 Shift＋方向键旋转视图，观察生成的第一条截面线。单击"曲线组合"按钮⇒，拾取截面线，选择方向，将其组合为一条样条曲线，结果如图 5-120 所示。

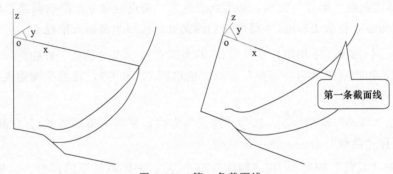

图 5-120　第一条截面线

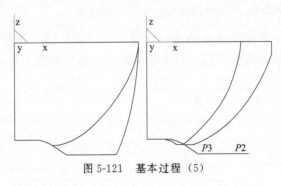

图 5-121　基本过程（5）

（16）按 F7 键将绘图平面切换到 XOZ 面内。单击"线面可见"按钮☼，显示前面隐藏掉的圆弧 $C4$，并拾取确认。然后拾取第一条截面线单击右键选择"隐藏"命令，将其隐藏掉，结果如图 5-121 所示。

（17）单击"删除"按钮✎，删掉不需要的线段。单击"曲线过渡"按钮⌐，选择"圆弧过渡"方式，半径为 10，对 $P2$、$P3$ 两处进行过渡。

（18）单击"曲线组合"按钮⇒，拾取第二条截面线，选择方向，将其组合为一样条曲线，结果如图 5-122 所示。

（19）按下 F5 键将绘图平面切换到 XOY 平面，然后再按 F8 键显示其轴测图。

（20）单击"整圆"按钮⊕，选择"圆心 _ 半径"方式，以 Z 轴方向的直线两端点为圆心，拾取截面线的两端点为半径，绘制如图 5-123 所示的两个圆。

（21）删除两条直线。单击"线面可见"按钮☼，显示前面隐藏的第一条截面线。

（22）单击曲面编辑工具栏中的"平面旋转"按钮，在"立即"菜单中选择"拷贝"方式，输入角度 11.2°，拾取坐标原点为旋转中心点，拾取第二条截面线，单击右键确认，结果如图 5-123 所示。

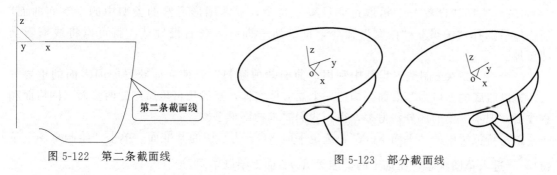

图 5-122　第二条截面线　　　　　　　　　图 5-123　部分截面线

（23）单击"阵列"按钮，选择"圆形"阵列方式，份数为 5，拾取 3 条截面线，单击鼠标右键确认，拾取原点（0，0，0）为阵列中心，按鼠标右键确认，立刻得到如图 5-124 所示结果。

（24）按 F5 键进入俯视图，单击曲面工具栏中的"网格面"按钮，依次拾取 U 截面线共 2 条，按鼠标右键确认。再依次拾取 V 截面线共 15 条，如图 5-125 所示。按右键确认，稍等片刻曲面生成，结果如图 5-126 所示。

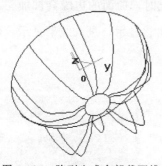

图 5-124　阵列生成全部截面线

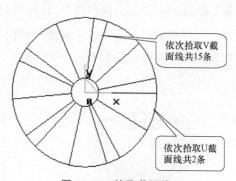

图 5-125　拾取截面线

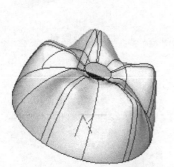

图 5-126　网格面生成

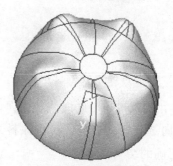

图 5-127　直纹面生成

（25）底部中心部分曲面可以用两种方法来作：裁剪平面和直纹面（点＋曲线）。这里用直纹面"点＋曲线"来作，这样的好处是在作加工时，两张面（网格面和直纹面）可以一同用参数线来加工，而面裁剪平面不能与非裁剪平面一起来加工。

单击曲面工具栏中的"直纹面"按钮 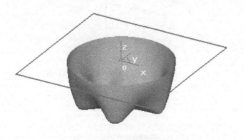，选择"点＋曲线"方式。

（26）按空格键在弹出的点工具菜单中选择"圆心"命令，拾取底部圆，先得到圆心点，再拾取圆，直纹面立即生成，结果如图5-127所示。

（27）选择"设置"→"拾取过滤设置"命令，取消图形元素的类型中的"空间曲面"项。然后选择"编辑"→"隐藏"命令，框选所有曲线，按右键确认，就可以将线框隐全部藏掉。

（28）在CAXA制造工程师中利用"曲面裁剪除料"是使实体获得曲面表面的重要方法。先以瓶底的上口为基准面，构造一个立方体实体，然后用可乐瓶底的两张面（网格面和直纹面）把不需要的部分裁剪掉，得到我们要求的凹模型腔。

单击特征树中的"平面XOY"，选定平面XOY为绘图的基准面。单击"绘制草图"按钮 ，进入草图状态，在选定的基准面XOY面上绘制草图。

（29）单击曲线工具栏中的"矩形"按钮 ，选择"中心＿长＿宽"方式，输入长度120，宽度120，拾取坐标原点（0，0，0）为中心，得到一个120mm×120mm的正方形，如图5-128所示。

（30）单击特征生成工具栏中的"拉伸"按钮 ，在弹出的"拉伸"对话框中，输入深度为50，选中"反向拉伸"复选框，单击"确定"按钮得到立方实体。

（31）选择"设置"→"拾取过滤设置"命令，在弹出的对话框中的"拾取时的导航加亮设置"项选中"加亮空间曲面"，这样当鼠标移到曲面上时，曲面的边缘会被加亮。同时为了更加方便拾取，单击"显示线架"按钮 ，退出真实感显示，进入线架显示，可以直接点取曲面的网格线，结果如图5-129所示。

图5-128 绘制草图	图5-129 曲面裁剪除料

（32）单击特征生成工具栏中的"曲面裁剪除料"按钮 ，拾取可乐瓶底的两个曲面，选中对话框中"除料方向选择"复选框，切换除料方向为向里，以便得到正确的结果。

（33）单击"确定"按钮，曲面除料完成。选择"编辑"→"隐藏"命令，拾取两个曲面将其隐藏掉。然后单击"真实感显示"按钮 ，造型结果如图5-130所示。

图5-130 凹模型腔

2. 可乐瓶底凹模型腔加工

因为可乐瓶底凹模型腔的整体形状较为陡峭，所以粗加工采用等高线粗加工方式。然后采用参数线精加工方式对凹模型腔中间曲面进行精加工。

（1）加工前的准备工作。

① 设定加工毛坯。

选择"加工"→"定义毛坯"命令，弹出"定义毛坯"对话框。选择"参照模型"，单击"确定"按钮，完成毛坯的定义。

② 后置设置。

用户可以增加当前使用的机床，给出机床名，定义适合自己机床的后置格式。系统默认的格式为 FANUC 系统的格式。

单击"加工"选项卡→"后置处理"→"设备编辑"命令，弹出"选择后置配置文件"对话框，如图 5-131 所示。选择后置配置文件，单击编辑，弹出"CAXA 后置配置"对话框。根据当前的数控系统，设备各参数，如图 5-132 所示。

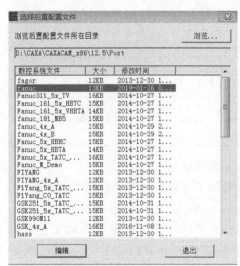

图 5-131 "机床后置"对话框

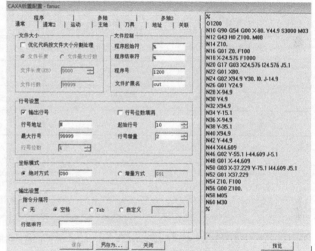

图 5-132 机床后置设置对话框

（2）等高线粗加工。

选择"加工"功能区→"三轴加工"→"等高线粗加工"或单击"等高线粗加工"按钮
，弹出"等高线粗加工"对话框。

① 按表 5-2 所示设置各项参数。

如果刀具库没有要选择的刀具，可以单击"增加刀具"按钮，弹出"刀具定义"对话框，输入刀具名称，设定增加的刀具的参数。键入正确的数值，刀具定义即可完成。

刀具名称一般都是以铣刀的直径和刀角半径来表示，刀具名称尽量和工厂中用刀的习惯一致。刀具名称一般表示形式为"D20，r5"，D 代表刀具直径，r 代表刀角半径。

刀具的参数要与实际的相同，其中的刀刃长度与仿真有关而与实际加工无关。

② 根据左下方的提示拾取曲面、拾取轮廓。按右键确认以后系统开始计算，稍候，得出轨迹如图 5-133 所示。

③ 拾取粗加工刀具轨迹，单击右键选择"隐藏"命令，将粗加工轨迹隐藏掉，以便观察下面的精加工轨迹。

表 5-2　等高粗加工参数表

加工参数		切削用量	
加工方向	顺铣	主轴转速	1500
层高	3	慢速下刀速度	50
行距	3	切入切出连接速度	800
切削模式	环切	切削速度	400
行间连接方式	直线	退刀速度	1000
加工顺序	Z 优先	下刀方式	
加工精度	0.1	安全高度	20
加工余量	0.8	慢速下刀距离	15
区域切削类型	抬刀切削混合	退刀距离	15
起始点坐标	$X=0, Y=0, Z=100$	切入方式	垂直
毛坯类型	参照模型	刀具参数	
零件类型	模具型腔	刀具名	R5 球铣刀
其他参数	不设定	刀具半径	5
加工边界		刀角半径	5
最小最大	$-50/0$		

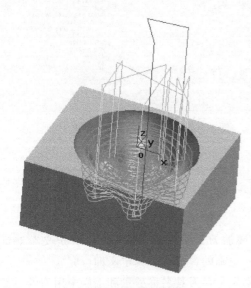

图 5-133　粗加工轨迹

134 所示。

（4）轨迹仿真、检验与修改。

① 单击"线面可见"按钮，显示所有已经生成的加工轨迹，然后拾取粗加工轨迹，按右键确认。

（3）参数线精加工。

本例精加工可以采用多种方式，如参数线、等高线精加工等。下面仅以参数线加工为例介绍软件的使用方法。曲面的参数线加工要求曲面有相同的走向、公共的边界，点取位置要对应。

选择"加工"功能区→"三轴加工"→"参数线精加工"命令或单击 按钮，弹出"参数线精加工"对话框。

① 按照表 5-3 中内容设置参数线精加工的加工参数。

② 根据状态栏提示拾取曲面，当把鼠标移到型腔内部时，曲面自动被加亮显示，拾取同一高度的两张曲面后，按鼠标右键确认，根据提示完成相应的工作，最后生成轨迹，如图 5-

表 5-3　参数线精加工参数表

加 工 参 数		切 削 用 量	
切入方式	不设定	主轴转速	1600
切出方式	不设定	慢速下刀速度	100
行距	3	切入切出连接速度	800
遇面干涉	抬刀	切削速度	1000
第一系列限制曲面	无	退刀速度	100
第二系列限制曲面	无	下刀方式	
加工精度	0.01	安全高度	20
加工余量	0	慢速下刀距离	15
干涉余量	0.01	退刀距离	15
起始点坐标	$X=0,Y=0,Z=100$	切入方式	垂直
毛坯类型	参照模型	刀具名	$R5$ 球铣刀
零件类型	模具型腔	刀具半径	5
其他参数	不设定	刀角半径	5
加工边界			
最小/最大	$-50/0$		

② 选择"加工"功能区→"轨迹仿真"命令。拾取粗加工和精加工的刀具轨迹,按右键结束,系统弹出"轨迹仿真"界面。

③ 单击 ● 按钮,系统立即将进行加工仿真,并弹出"仿真加工"对话框,如图 5-135 所示。仿真加工过程中,系统显示走刀过程,如图 5-136 所示。

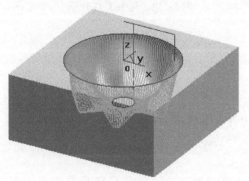

图 5-134　精加工轨迹

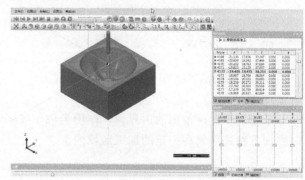

图 5-135　"仿真加工"对话框

④ 仿真检验无误后,单击"文件"→"保存",保存粗加工和精加工轨迹。

(5) 生成 G 代码。

① 选择"加工"→"后置处理"→"生成 G 代码"命令,弹出"选择后置代码"对话框,填写加工代码文件名"NCO147.cut",单击"保存"按钮,如图 5-137 所示。

② 拾取生成的粗加工的刀具轨迹,按右键确认,立即弹出粗加工代码文件保存即可,如图 5-138 所示。

③ 同样方法生成精加工 G 代码,如图 5-139 所示。

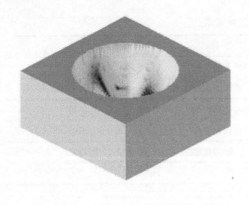

图 5-136　仿真加工

图 5-137　"选择后置代码"对话框

图 5-138　粗加工 G 代码

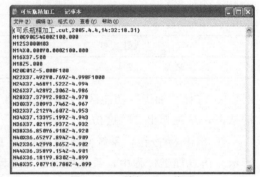

图 5-139　精加工 G 代码

四、知识拓展

参数线精加工参数：

1. 限制面

限制加工曲面范围的边界面，作用类似于加工边界，通过定义第一和第二系列限制面可以将加工轨迹限制在一定的加工区域内。

2. 走刀方式

走刀方式有两种：一种是往复走刀方式，生成往复的加工轨迹。另一种是单向走刀方式，生成单向的加工轨迹。

3. 加工精度

计算模型的轨迹的误差小于此值。加工精度越大，模型形状的误差也增大，模型表面越粗糙。加工精度越小，模型形状的误差也减小，模型表面越光滑。但是，轨迹段的数目增多，轨迹数据量变大。

4. 加工余量

相对模型表面的残留高度，可以为负值，但不要超过刀角半径。

5. 接近返回

一般来说，接近指从刀具起始点快速移动后以切入方式逼近切削点的那段切入轨迹，返回指从切削点以切出方式离开切削点的那段切出轨迹。

6. 安全高度

刀具快速移动而不会与毛坯或模型发生干涉的高度，有相对与绝对两种模式，单击相对或绝对按钮可以实现二者的互换。

7. 慢速下刀距离

在切入或切削开始前的一段刀位轨迹的位置长度，这段轨迹以慢速下刀速度垂直向下进给。有相对与绝对两种模式，单击相对或绝对按钮可以实现二者的互换。

8. 退刀距离

在切出或切削结束后的一段刀位轨迹的位置长度，这段轨迹以退刀速度垂直向上进给。有相对与绝对两种模式，单击相对或绝对按钮可以实现二者的互换。

9. 切入方式

通用的切入方式，几乎适用于所有的铣削加工策略，其中的一些切削加工策略有其特殊的切入切出方式（切入切出属性页面中可以设定）。如果在切入切出属性页面里设定了特殊的切入切出方式后，此处的通用的切入方式将不会起作用。

10. 速度设定

主轴转速：设定主轴转速的大小，单位 r/min（转/分）。

慢速下刀速度（F0）：设定慢速下刀轨迹段的进给速度的大小，单位 mm/min。

切入切出连接速度（F1）：设定切入轨迹段，切出轨迹段，连接轨迹段，接近轨迹段，返回轨迹段的进给速度的大小，单位 mm/min。

切削速度（F2）：设定切削轨迹段的进给速度的大小，单位 mm/min。

退刀速度（F3）：设定退刀轨迹段的进给速度的大小，单位 mm/min。

思考与练习

应用等高线粗加工和参数线精加工作花瓶凸模加工轨迹，如图 5-140 所示。

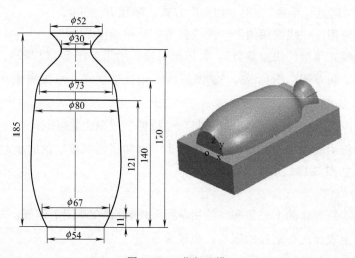

图 5-140　花瓶凸模

任务十　连杆造型与加工

一、任务导入

绘制连杆的轴测图，并生成加工轨迹，如图 5-141 所示。

二、任务分析

连杆的两端一般为两个用于连接的圆环形部分，中间用一个杆件将两个圆环连接起来。连杆造型可以通过拉伸增料和拉伸除料的特征造型方法完成。因此在构造实体时首先作出连接底板的实体，然后作出左右两个圆柱实体，最后作球弧曲面，完成实体造型。

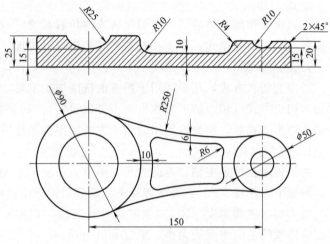

图 5-141　连杆零件尺寸图

三、造型步骤

1. 作基本拉伸体

单击零件特征树的"平面 XOY"和"绘制草图"图标，使图标处于按下状态。其步骤如下。

（1）作圆"圆心＿半径"。圆心 (75, 0, 0)，半径 $R=25$。

（2）作圆"圆心＿半径"。圆心 (−75, 0, 0)，半径 $R=45$。

（3）作圆弧"两点＿半径"。用"切点"方式，半径 $R=250$。

（4）作圆弧"两点＿半径"。用"切点"方式，半径 $R=250$。

（5）单击"应用"→"线面编辑"→"曲线裁剪"或单击图标。

（6）选择无模式菜单"快速裁剪"，裁掉圆弧段，结果如图 5-142 所示。

（7）单击"绘制草图"图标，图标处于未按下状态，草图完成。按 F8 键在轴测图中观察。

（8）单击"应用"→"特征生成"→"增料"→"拉伸"或单击图标。

（9）在对话框中输入深度＝10，用鼠标单击"增加拔模斜度"前的小方框，输入拔模角度 5°，拉伸结果如图 5-143 所示。

2. 拉伸大小凸台

（1）单击基本拉伸体的上表面和"绘制草图"图标在草图上作圆："圆心＿半径"圆心为基本拉伸体上表面的小圆弧的圆心，半径为 $R25$。

（2）单击"绘制草图"图标，图标处于未按下状态。

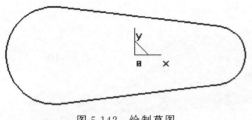

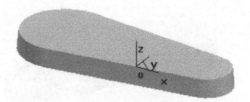

图 5-142　绘制草图　　　　　　　　　图 5-143　拉伸实体

（3）单击"应用"→"特征生成"→"增料"→"拉伸"或单击 图标。在无模式对话框中输入深度＝10，拔模角度＝5。单击"确定"按钮，拉伸结果如图 5-144（a）所示。

（4）单击基本拉伸体的上表面和"绘制草图"图标 。

（5）作圆。单击"圆心半径"，圆心为基本拉伸体上表面的大圆弧的圆心，半径为 $R45$（提示：圆心和圆上一点用工具菜单得到）。

（6）单击"绘制草图"图标 ， 图标处于未按下状态。

（7）单击"应用"→"特征生成"→"增料"→"拉伸"或单击 图标。在无模式对话框中输入深度＝15，拔模角度＝5。单击"确定"按钮，拉伸结果如图 5-144（b）所示。

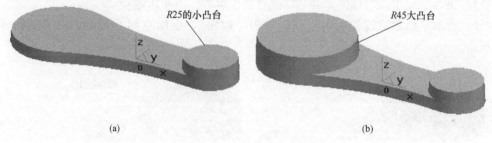

（a）　　　　　　　　　　　　　　（b）

图 5-144　拉伸凸台实体

3. 制作大小凸台凹坑

（1）单击零件特征树的"平面 XZ"和"绘制草图"图标 ， 图标处于按下状态。

（2）作直线。直线的首点是小凸台上表面圆的端点，直线的末点是小凸台上表面圆的中点（端点和中点的拾取利用"点工具"菜单）。

（3）将直线向上等距 5，得到另一直线。

（4）作圆。以直线的中点为圆心，半径 $R=10$ 作圆。

（5）删除直线。裁剪掉直线的两端和圆的上半部分，如图 5-145（a）所示。

（6）单击"绘制草图"图标 ， 图标处于未按下状态。

（7）作与半圆直径完全重合的空间直线。

（8）单击"应用"→"特征生成"→"减料"→"旋转"或单击 图标。

选择空间直线为旋转轴，单击"确定"按钮，删除空间直线，结果如图 5-145（b）所示。

（9）单击零件特征树的"平面 XZ"和"绘制草图"图标 ， 图标处于按下状态。

（10）作直线，直线的首点是大凸台上表面圆的端点，直线的末点是大凸台上表面圆的中点。

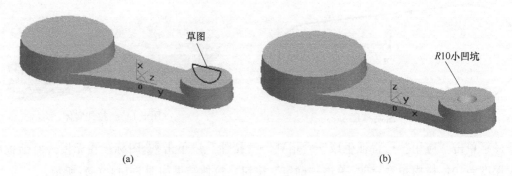

图 5-145 小凸台凹坑造型

（11）将直线向上等距 15，得到另一直线。

（12）作圆：以直线的中点为圆心，半径 $R=25$ 作圆。

（13）删除直线，裁剪掉直线的两端和圆的上半部分，如图 5-146（a）所示。

（14）单击"绘制草图"图标 ![icon]，![icon] 图标处于未按下状态。

（15）作与半圆直径完全重合的空间直线。

（16）单击"应用"→"特征生成"→"减料"→"旋转"或单击 ![icon] 图标。

（17）拾取草图和旋转轴空间直线，单击"确定"，删除空间直线后，结果如图 5-146（b）所示。

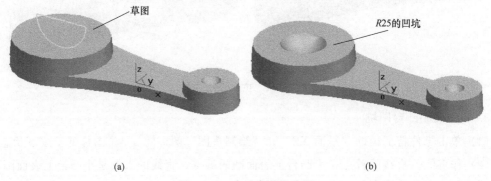

图 5-146 大凸台凹坑造型

4. 基本拉伸体上表面凹坑

（1）单击基本拉伸体的上表面和"绘制草图"图标 ![icon]，![icon] 图标处于按下状态。

（2）单击"应用"→"曲线生成"→"曲面相关线"或 ![icon] 图标。

（3）选择无模式菜单【实体边界】，得到各边界线。

（4）等距线生成。以等距 10 和 6 分别作刚生成的边界线的等距线，如图 5-147（a）所示。

（5）单击"应用"→"线面编辑"→"曲线过渡"或单击 ![icon] 图标，在无模式菜单处输入半径 $R=6$，对等距生成的曲线作过渡。

（6）删除得到的各边界线，得到凹坑草图，如图 5-147（b）所示。

（7）单击"绘制草图"图标 ![icon]，![icon] 图标处于未按下状态。

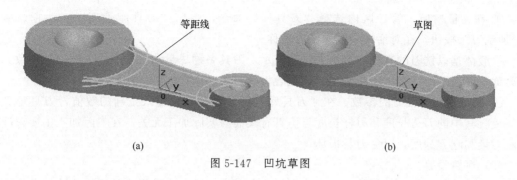

(a)　　　　　　　　　　　　　　(b)

图 5-147　凹坑草图

（8）单击"应用"→"特征生成"→"减料"→"拉伸"或单击 ▣ 图标。设置深度 6，角度 30°，拉伸除料结果如图 5-148 所示。

图 5-148　拉伸除料实体

（9）单击"应用"→"特征生成"→"过渡"或单击 ⬡ 图标，弹出对话框。在无模式对话框中输入半径＝10，点取大凸台和基本拉伸体的交线，单击"确定"按钮，其结果如图 5-149（a）所示。

（10）单击"应用"→"特征生成"→"过渡"或单击 ⬡ 图标，在对话框中输入半径＝4，点取小凸台和基本拉伸体的交线，单击"确定"按钮。

（11）单击"应用"→"特征生成"→"过渡"或单击 ⬡ 图标，在无模式对话框中输入半径＝4，点取所有边，单击"确定"，结果如图 5-149（b）所示，同样过渡其他边。

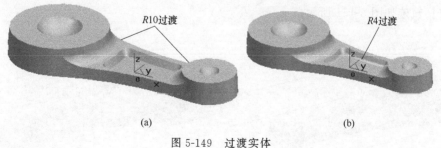

(a)　　　　　　　　　　　　　　(b)

图 5-149　过渡实体

四、仿真加工

1. 加工前的准备工作

（1）设定加工刀具。

① 在特征树加工管理区内选择"刀具库"命令，弹出"刀具库管理"对话框。单击"增加铣刀"按钮，在对话框中输入铣刀名称。

一般都是以铣刀的直径和刀角半径来表示，刀具名称尽量和工厂中用刀的习惯一致。刀具名称一般表示形式为"D10，r3"，D代表刀具直径，r代表刀角半径。

② 设定增加的铣刀的参数。在"刀具库管理"对话框中键入正确的数值，刀具定义即可完成。其中的刀刃长度和刀杆长度与仿真有关而与实际加工无关，在实际加工中要正确选择吃刀量和吃刀深度，以免刀具损坏。

（2）后置设置。

用户可以增加当前使用的机床，给出机床名，定义适合自己机床的后置格式。系统默认的格式为FANUC系统的格式。

① 选择"加工"→"后置处理"→"后置设置"命令，弹出"后置设置"对话框。

② 增加机床设置，选择当前机床类型。

③ 进行后置处理设置，打开"后置处理"选项卡，根据当前的机床，设置各参数。

2. 连杆常规加工

（1）设定加工毛坯。

设定加工毛坯的步骤如下。

① 单击"直线"图标 ，使用"两点线"，直接输入以下各点： （−135，−55）、（115，−55）、（115，55）、（−125，55）得出一个矩形，如图 5-150 所示。

② 作矩形任意一边 Z 轴方向上距离=30 的等距线，这样便得到毛坯"拾取两点"方式的两角点，如图 5-150 所示。

（2）等高线粗加工刀具轨迹。

① 单击"轨迹管理"树→"毛坯"→弹出"定义毛坯"对话框，采用"参照模型"方式定义毛坯。

② 选择"加工"功能区→"三轴加工"→"等高线粗加工"→弹出"等高线粗加工"对话框。

③ 设置"等高线粗加工参数""切削用量""进退刀参数""下刀方式"，安全高度设为50。设置"铣刀参数""加工边界"，Z 设定最大为 30。

④ 单击"确定"按钮→拾取五角星→圆柱体轮廓线→拾取轮廓搜索方向箭头→右击，生成的刀具轨迹如图 5-151 所示。

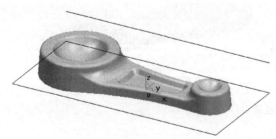

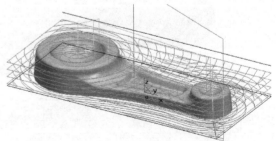

图 5-150　绘制毛坯边界线　　　　　图 5-151　等高线粗加工刀具轨迹

（3）参数线精加工。

① 单击"轨迹管理"树→"毛坯"→弹出"定义毛坯"对话框，采用"参照模型"方式

定义毛坯。

② 选择"加工"功能区→"三轴加工"→"参数线精加工"→弹出"参数线精加工"对话框。

③ 设置"加工参数""切削用量""进退刀参数""下刀方式""铣刀参数""加工边界"。

④ 单击"确定"按钮→拾取加工曲面→右击→拾取加工边界→右击，生成的刀具轨迹如图 5-152 所示。

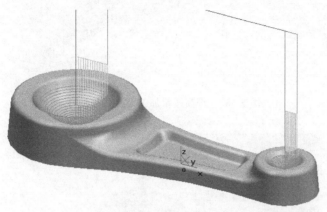

图 5-152   参数线精加工刀具轨迹

3. 加工仿真

（1）单击"编辑"→"可见"，显示所有已经生成的加工轨迹。然后拾取加工轨迹，单击"确认"按钮。或者在特征树加工管理区的粗加工刀具轨迹上右击，在弹出的快捷菜单中选择"显示"项。

（2）选择"加工"→"轨迹仿真"命令，或者在特征树加工管理区的空白处右击，在弹出的快捷菜单中选择"加工"→"轨迹仿真"，拾取粗加工/精加工的刀具轨迹，右击结束，系统进入加工仿真界面。

（3）单击"仿真加工"按钮 🔵，在弹出的界面中设置好参数后单击"仿真开始"按钮，系统进入仿真加工状态。

仿真结束后，仿真结果如图 5-153 和图 5-154 所示。

4. 后置处理

单击"加工"→"后置处理"→"后置设置"，弹出"后置设置"对话框。

增加机床设置，点取当前机床右侧的箭头按钮，选择"FANUC"。单击"确定"按钮结束。

后置处理设置：单击图标"后置处理设置"，系统弹出"后置处理设置"对话框，改变各项参数。然后单击"确定"按钮退出。

5. 生成 G 代码

单击"加工"→"后置处理"→"生成代码"，系统提示：生成当前机床的加工指令，同时弹出"文件管理器"对话框，用鼠标左键单击"文件输入名"下的文件输入按钮。输入文件名：连杆造型加工.cut。然后单击"确定"按钮，如图 5-155 所示。

系统提示：拾取刀具轨迹，用鼠标左键拾取半精加工轨迹后，单击鼠标右键结束。

系统立即生成该轨迹的 G 代码，如图 5-156 所示。

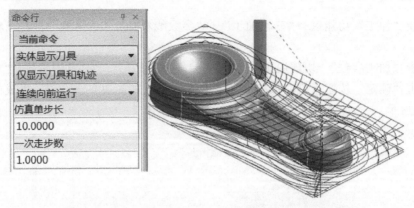

图 5-153　等高线粗加工刀具轨迹仿真

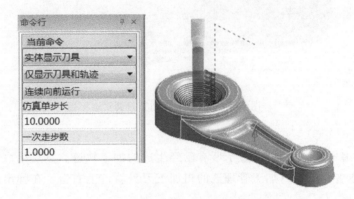

图 5-154　参数线精加工刀具轨迹仿真

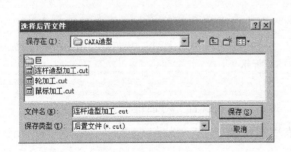

图 5-155　连杆加工 G 代码文件

图 5-156　连杆加工 G 代码

五、知识拓展

连杆的一个典型应用就是曲柄连杆机构，如图 5-157 所示，该结构在发动机中非常常见，曲柄连杆机构是发动机实现工作循环，完成能量转换的主要运动零件。它由机体组、活塞连杆组和曲轴飞轮组等组成。

连杆是指用于连接两个活动构建的连接件，如图 5-158 曲柄连杆所示，在发动机做功行程中，活塞承受燃气压力在气缸内作直线运动，通过连杆转换成曲轴的旋转运动，并从曲轴对外输出动力。连杆起到连接活塞和曲轴的作用，连杆组成分解如图 5-159 所示。

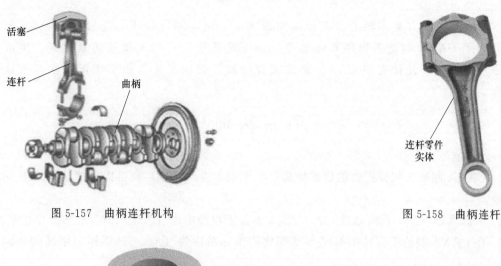

图 5-157 曲柄连杆机构

图 5-158 曲柄连杆

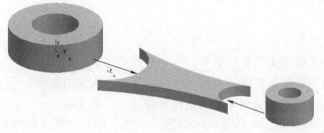

图 5-159 连杆组成部分

思考与练习

应用轮廓线精加工、区域式粗加工和孔加工命令加工如图 5-160 所示的零件，台体零件模型如图 5-161 所示。

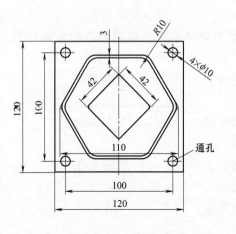
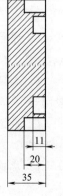

图 5-160 台体零件尺寸图

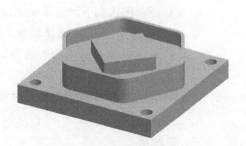

图 5-161 台体零件模型

项目小结

本项目通过长方盒体加工、五角星曲面加工、鼠标零件加工、连杆加工等 10 个实例，介绍了 CAXA 制造工程师实体造型、加工轨迹生成、加工轨迹仿真检查、生成 G 代码程序等内容，使读者对 CAXA 制造工程师数控编程与仿真加工知识内容有所认识和掌握。

项目实训

一、填空题

1. CAXA 制造工程师提供的后置处理器，无须生成（　　）就可以直接输出 G 代码控制指令。

2. 坐标系是（　　）的基准，在 CAXA 制造工程师中许可系统同时存在多个坐标系。

3. 在 CAXA 制造工程师中系统自动创建的坐标系称为（　　），而用户创建的坐标系称为（　　）。

4. 延伸曲面有两种方式：（　　）和（　　）。

5. 导动面是截面曲线或轮廓线沿着（　　）扫动生成的曲面。

6. 边界面是指在已知边界线围成的（　　）区域内生成的曲面。

7. 固结导动是指截面轮廓与导动线始终保持（　　）关系。

8. 边界表示法（Boundary Representation，B-Rep 法）的基本思想是一个实体可以通过多块面（　　）而成，而每一个面又可以用边来描述，边通过点、点通过三个坐标值来定义，通过描述形体的边界来表示一个形体。

9. CAXA 制造工程师的"轨迹再生成"可时现轨迹（　　）的适时编辑，用户只需选中已有的 NC 刀位轨迹，修改已定义的相关工艺参数表，即可重新生成加工轨迹。

10. CAXA 制造工程师 2 轴和 2.5 轴加工方式可直接利用零件的轮廓曲线生成加工轨迹指令，而无须建立其（　　）。

二、选择题

1. 计算机辅助工艺规划的英文缩写是（　　）。

A. CAD　　　　　B. CAM　　　　　C. CAE　　　　　D. CAPP

2. 在 CAXA 制造工程师导动特征功能中，截面线与导动线保持固接关系的方式称为（　　）。

A. 单向导动　　　B. 双向导动　　　C. 平行导动　　　D. 固接导动

3. 在特征草图状态下，草图轮廓应为（　　）。

A. 自由轮廓　　　B. 实体轮廓　　　C. 封闭轮廓　　　D. 边界轮廓

4. CAXA 制造工程师中参数线加工一般用于（　　）。

A. 轮廓加工　　　B. 平面加工　　　C. 曲面加工　　　D. 内腔加工

5. CAXA 制造工程师中摆线式粗加工用于（　　）。

A. 低速铣床　　　B. 中速铣床　　　C. 高速铣床　　　D. 加工中心

三、判断题

1. 生成边界面所拾取的三条（四条）曲线必须首尾相连成封闭环，并且拾取的曲线应

当是光滑曲线。（　　）

2. 在放样面中，组成骨架的相似截面线必须是光滑曲线，并且互不相交、方向一致，否则生成的曲面将发生扭曲。（　　）

3. 在放样面中，拾取截面时需要根据摆放的方位向一个方向拾取曲线。（　　）

4. 曲面裁剪时，空间两曲面不一定要有交线。（　　）

5. 进行过渡的两曲面在指定方向上与距离等于半径的等距面必须相交，否则曲面过渡会失败。（　　）

四、简答题

1. CAXA 制造工程师可进行哪两种数控设备的自动编程？这两种数控机床的 NC 程序有何异同？

2. 简述 CAXA 制造工程师的型腔分模功能。

3. 试述区域和岛屿的概念。

五、作图题

1. 分析凸台零件图，确定凸台加工路线，确定刀具路线，将凸台加工出来，并进行实体仿真，凸台零件图如图 5-162 所示，凸台零件模型如图 5-163 所示。

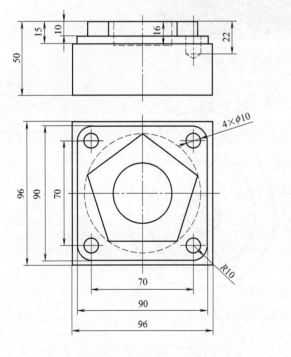

图 5-162　凸台零件尺寸图

图 5-163　凸台零件模型

2. 应用所学的粗加工和精加工方法加工鼠标的凹模和凸模，鼠标尺寸和造型如图 5-164、图 5-165 所示。

3. 创建如图 5-166 所示零件的凹模，并应用扫描线粗加工该凹模。

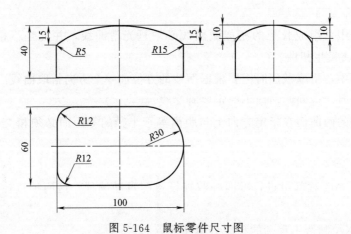

图 5-164　鼠标零件尺寸图

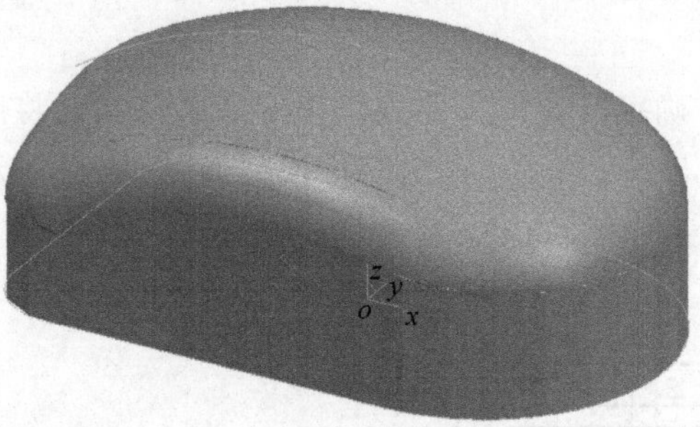

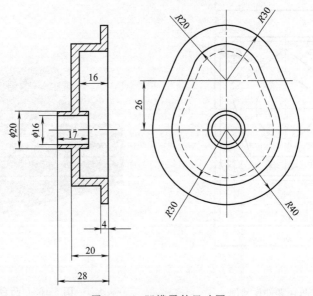

图 5-165　鼠标零件模型图

图 5-166　凹模零件尺寸图

项目六

多轴加工与仿真

随着数控技术的发展，多轴加工零件也在实际生产中得到广泛的使用。CAXA 的多轴加工是指除 X、Y、Z 三个线性轴之外，再增加附加线性轴或回转轴的加工。如增加附加回转轴 A、B、C，附加线性轴 U、V、W 等。单击"加工"选项卡，多轴加工有 23 项功能，分别是四轴曲线加工、四轴平切面加工、五轴等参数线加工、五轴侧铣加工、五轴曲线加工、五轴曲面区域加工、五轴 G01 钻孔加工、五轴定向加工、四轴轨迹加工等加工轨迹生成方法，叶轮、叶片类零件，除以上这些加工方法外，系统还提供专用的叶轮粗加工及叶轮精加工功能，可以实现对叶轮和叶片的整体加工。

【技能目标】
- 创建适合于多轴加工的绘图基准面。
- 创建适合于多轴加工的实体。
- 创建适合于多轴加工的曲面。
- 掌握生成多轴加工的后置处理。

任务一 四轴平切面加工

一、任务导入

创建底圆 $\phi40$、顶圆 $\phi20$、高 60 的圆台曲面模型，如图 6-1 所示，生成加工轨迹。

二、任务分析

从图 6-1 可以看出，该模型为光滑圆台曲面模型，先建立线框模型，然后通过"直纹面"创建圆台曲面模型，最后用"四轴平切面加工"生成"多轴加工"轨迹。通过该任务的练习，复习线架造型、曲面造型方法，掌握四轴加工轨迹生成方法。

三、造型步骤

（1）通过 F9 选择平面 YOZ 作图面→绘制底圆 $\phi40$、顶圆 $\phi20$、高 60 的圆台线架图，如图 6-2 所示。

（2）通过直纹面作圆台曲面模型，如图 6-1 所示。

（3）点取"加工"选项卡→"四轴加工"→"四轴平切面加工"，弹出如图 6-3 所示对话框，设置有关参数后确定，结果如图 6-4 所示。

图 6-1　圆台曲面模型

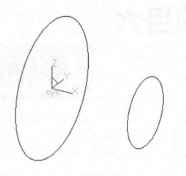

图 6-2　圆台线架图

图 6-3　四轴平切面加工参数设置

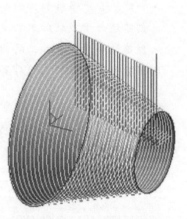

图 6-4　四轴加工刀具轨迹

四、知识拓展

四轴平切面加工：用一组垂直于旋转轴的平面与被加工曲面的等距面求交而生成四轴加工轨迹的方法叫作四轴平切面加工。多用于加工旋转体及上面的复杂曲面。铣刀刀轴的方向始终垂直于第四轴的旋转轴。四轴加工实例如图 6-5 所示。

参数说明

1. 旋转轴

X 轴：机床第四轴绕 X 轴旋转，生成加工代码角度地址为 A。

Y 轴：机床第四轴绕 Y 轴旋转，生成加工代码角度地址为 B。

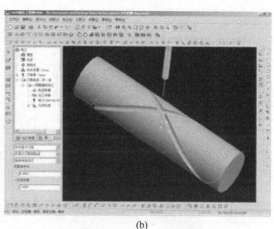

(a)　　　　　　　　　　　　　　(b)

图 6-5　四轴加工实例

2. 行距定义方式

平行加工：用平行于旋转轴的方向生成加工轨迹。

角度增量：平行加工时用角度的增量来定义二平行轨迹之间的距离。

环切加工：用环绕旋转轴的方向生成加工轨迹。

行距：环切加工时用行距来定义二环切轨迹之间的距离。

3. 走刀方式

单向：在刀次大于 1 时，同一层的刀迹轨迹沿着同一方向进行加工，这时，层间轨迹会自动以抬刀方式连接。精加工时为了保证加工表面质量多采用此方式。

往复：在刀具轨迹层数大于 1 时，行之间的刀迹轨迹方向可以往复。刀具到达加工终点后，不快速退刀而是与下一行轨迹的最近点之间走一个行间进给，继续沿着原加工方向相反的方向进行加工方式。加工时为了减少抬刀，提高加工效率多采用此种方式。

4. 边界保护

保护：在边界处生成保护边界的轨迹。

不保护：到边界处停止，不生产轨迹。

5. 优化

最小刀轴转角：刀轴转角指的是相邻两个刀轴间的夹角。最小刀轴转角限制的是两个相邻刀位点之间刀轴转角必须大于此数值，如果小了，就会忽略掉。

最小刀具步长：指的是相邻两个刀位点之间的直线距离必须大于此数值，若小于此数值，可忽略不要。效果如设置了最小刀具步长类似，如果与最小刀轴转角同时设置，则两个条件哪个满足哪个起作用。

思考与练习

1. 建立如图 6-6 所示的零件模型，并利用四轴加工功能生成加工轨迹。

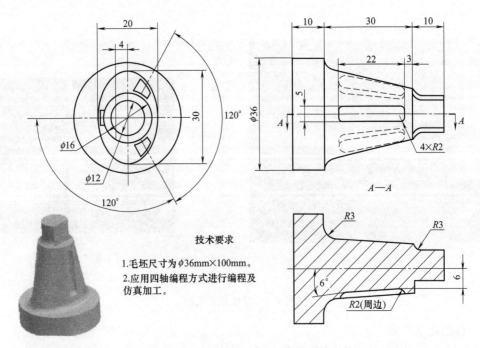

图 6-6　四轴加工零件模型尺寸图

2. 建立如图 6-7 所示的矿泉水瓶子模型，并利用四轴加工功能生成加工轨迹。

图 6-7　矿泉水瓶子模型

任务二　槽轴零件造型与加工

一、任务导入

完成如图 6-8 所示槽轴的三维实体造型和加工。

二、任务分析

从图 6-8 所示可以看出，槽轴零件由三部分组成：ϕ50mm×10mm 圆柱体、放样体上的 4 个卡槽和长度为 5mm 的椭圆柱。

先作实体造型，然后用"四轴平切面加工"加工圆台曲面，用"四轴曲线加工"加工 4 个卡槽内部，最后通过后置处理生成加工程序。

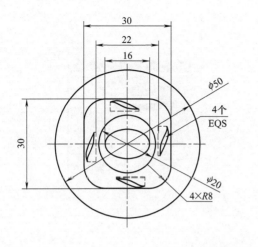

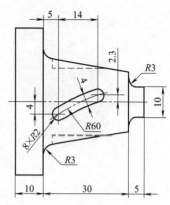

图 6-8　槽轴零件尺寸图

三、造型步骤

（1）左边"立即菜单"中选择"零件特征"栏，单击右键拾取 YZ 平面，击右键，单击"绘制草图"按钮，进入草图状态。

（2）按 F5 键，把绘图平面切换至 XY 平面，单击"圆"按钮，以平面坐标原点为圆心作由 50mm 的圆，单击"绘制草图"按钮，退出草图状态。

（3）单击"拉伸增料"按钮，在弹出的对话栏里设置参数。

（4）单击"确定"按钮，即可完成 ϕ50mm×10mm 圆柱体的创建，结果如图 6-9 所示。

（5）单击 ϕ50mm×10mm 圆柱体的右端面，单击右键，在弹出的菜单中单击选择"创建草图"，进入草图状态。

（6）按 F5 键，切换草图绘图平面至 XY 平面后，运用"矩形""倒圆角"按钮，绘制出图 6-10 所示的草图。

图 6-9　拉伸增料实体

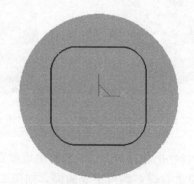

图 6-10　绘制草图

（7）单击"绘制草图"按钮，退出草图。

（8）单击"构造基准面"按钮，选择"等距平面确定基准平面"项，输入距离"30"，单击 ϕ50mm×10mm 圆柱体的右端面，单击"确定"按钮后，即可生成一新的基准面，如图 6-11 所示。

（9）单击新基准面，单击"绘制草图"按钮，进入草图状态，绘制草图。

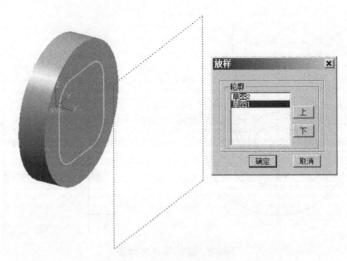

图 6-11 构造基准面

(10) 单击"圆"按钮，以坐标原点为圆心绘制 $\phi 20$mm 圆，如图 6-12 所示。

(11) 单击"绘制草图"按钮，退出草图。

(12) 单击"放样增料"按钮，弹出"放样增料"对话框后，依次拾取刚绘制好的两个草图，如图 6-12 所示。单击"确定"按钮后，即可生成放样增料特征体，如图 6-13 所示。

(13) 倒圆角。单击"过渡"按钮，设置"过渡"的半径为 3，单击"$\phi 50$mm×10mm 圆柱体"与"放样增料实体"相接的任一边线，单击"确定"按钮即可完成 $R3$ 圆角过渡，如图 6-14 所示。

图 6-12 绘制放样草图　　图 6-13 放样增料实体　　图 6-14 过渡实体

(14) 把放样体及 $R3$ 圆角生成曲面。单击"实体表面"按钮，单击放样体表面和 $R3$ 圆角，单击右键，即可生成曲面，如图 6-15 所示。

(15) 选择主菜单中的"编辑/隐藏"，框选刚生成的曲面，单击右键，即可隐藏曲面。

(16) 生成平行于 XY 平面上的一个卡槽。

生成一个基准面，与 XY 平面的距离为 11mm。选择生成后的基准平面为基准面作草图。运用"直线""圆弧"等命令绘制图。单击"绘制草图"按钮，退出草图，如图 6-16 所示。单击"拉伸除料"按钮，在弹出的对话框中设置参数后，单击"确定"按钮，即可生成图 6-17 所示的实体。

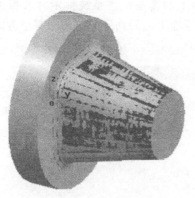

图 6-15　生成放样曲面

图 6-16　绘制卡槽草图

图 6-17　拉伸除料实体

图 6-18　阵列卡槽实体

（17）阵列刚生成的卡槽。在图形中心创建一条直线，如图 6-18 所示。单击"环形阵列"按钮，在弹出的对话框中设置参数。其中，阵列对象选择刚生成的卡槽，基准轴为旋转第一步的直线，角度为 90°，数目为 4。单击"确定"按钮，结果如图 6-18 所示。

创建长度为 5mm 的椭圆柱及 $R3$ 圆角，在此不再详述，结果如图 6-19 所示。单击"实体表面"按钮，单击椭圆柱表面和 $R3$ 圆角，单击右键，即可生成曲面，如图 6-20 所示。

图 6-19　椭圆柱放样实体

图 6-20　生成放样曲面

（18）点取"加工"选项卡→"四轴加工"→"四轴平切面加工"命令，打开四轴平切面加工参数设置栏，如图 6-21 所示。参数都设置好后，单击"确定"按钮。当系统提示"拾取加工对象"时，依次单击拾取所有曲面。当系统提示"拾取进刀点"时，单击椭圆柱最右端的一点。当系统提示"选择加工侧"时，再选择向上的箭头。当系统提示"选择走刀方向"时，单击往里的箭头。当系统提示"选择需要改变加工侧的曲面"时，把每个方向往里的箭头都单击一下，使其往外，单击右键，即可完成轨迹生成，结果如图 6-22 所示。

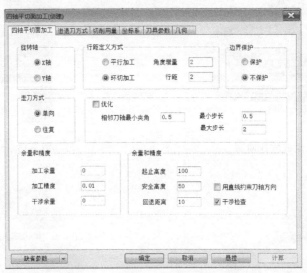

图 6-21　四轴平切面加工参数设置

（19）将之前所有曲面进行隐藏。把卡槽内部中间 $R60$ 的曲线画出来。

（20）单击"移动"按钮，从"立即"菜单中选择"偏移量""移动"、$DZ=4$，单击 $R60$ 曲线，然后单击右键，即可将曲线向上移动 4mm。

（21）单击"阵列"按钮。从"立即"菜单中选择"圆形""均布"、$R60$ 曲线，然后单击右键，即可将曲线阵列 4 份，结果如图 6-23 所示。

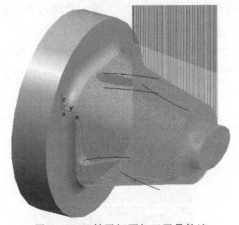

图 6-22　四轴平切面加工刀具轨迹

图 6-23　绘制卡槽曲线

（22）加工方法的选择及加工参数的设定。选择"加工"选项卡→"四轴加工"→"四轴柱面曲线加工"命令，打开四轴柱面曲线加工参数设置栏。具体加工参数如图 6-24 所示。参数都设置好后，单击"确定"按钮。当系统提示"拾取曲线"时，单击其中一条曲线。当系统提示"确定链拾取方向"时，单击其中的一个方向。当系统再次提示"拾取曲线"，单击右键跳过。当系统提示"选择加工侧边"时，单击向上的箭头。单击右键，即可完成此槽的加工，结果如图 6-25（a）所示。

（23）用同样方法完成其他三条曲线的加工，完成后的结果如图 6-25（b）所示。

图 6-24　四轴柱面曲线加工参数设置

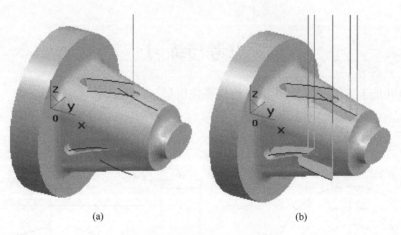

(a)　　　　　　　　　　　(b)

图 6-25　四轴曲线加工刀具轨迹

四、知识拓展

四轴柱面曲线加工：根据给定的曲线，生成四轴加工轨迹。多用于回转体上加工槽，铣刀刀轴始终垂直于第四轴的旋转轴，加工实例如图 6-26 所示。

（1）旋转轴。

① X 轴。机床的第四轴绕 X 轴旋转，生成加工代码时角度地址为 A。

② Y 轴。机床的第四轴绕 Y 轴旋转，生成加工代码时角度地址为 B。

（2）加工方向。

生成四轴加工轨迹时，下刀点与拾取曲

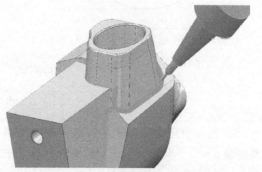

图 6-26　四轴曲线加工刀具轨迹仿真

线的位置有关，在曲线的哪一端拾取，就会在曲线的哪一端点下刀。生成轨迹后，如想改变下刀点，则可以不用重新生成轨迹，而只需双击轨迹树中的加工参数，在加工方向中的"顺时针"和"逆时针"二项之间进行切换即可改变下刀点。

（3）加工精度。

① 加工误差。输入模型的加工误差。计算模型的轨迹的误差小于此值。加工误差越大，模型形状的误差也增大，模型表面越粗糙。加工精度越小，模型形状的误差也减小，模型表面越光滑，但是，轨迹段的数目增多，轨迹数据量变大。

② 加工步长。生成加工轨迹的刀位点沿曲线按弧长均匀分布。当曲线的曲率变化较大时，不能保证每一点的加工误差都相同。

（4）加工深度。从曲线当前所在的位置向下要加工的深度。

（5）进给量。为了达到给定的加工深度，需要在深度方向多次进刀时的每刀进给量。

（6）起止高度。刀具初始位置。起止高度通常大于或等于安全高度。

（7）安全高度。刀具在此高度以上任何位置，均不会碰伤工件和夹具。

（8）下刀相对高度。在切入或切屑开始前的一段刀位轨迹的长度，这段轨迹以慢速下刀速度垂直向下进给。

思考与练习

1. 建立并加工如图 6-27 所示的卡槽轴零件模型。

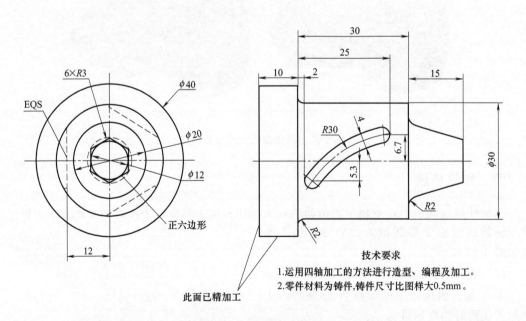

技术要求

1.运用四轴加工的方法进行造型、编程及加工。

2.零件材料为铸件,铸件尺寸比图样大0.5mm。

图 6-27　卡槽轴零件尺寸图

2. 选择合适的四轴加工方式，编制如图 6-28 所示空间螺旋槽的数控精加工程序。旋转槽槽深 $h=4$，半径 $r=3$。要求沿螺旋槽的方向采用四轴加工该零件，安装在旋转工作台上。

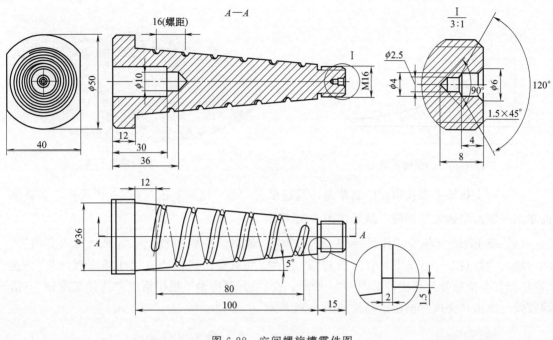

图 6-28 空间螺旋槽零件图

任务三 叶轮零件的造型与加工

一、任务导入

叶轮零件的造型与加工如图 6-29 所示。

二、任务分析

根据叶轮零件尺寸图可知，叶轮为回转体，可通过"旋转增料"和"旋转除料"来完成，叶片用"放样增料"和"环形阵列"完成造型。然后用"叶轮粗加工"生成粗加工刀具轨迹。

三、造型步骤

（1）单击特征树中的"平面YZ"→单击"绘制草图"按钮 ![按钮], 进入草图编辑状态，绘制图 6-30 所示的草图。

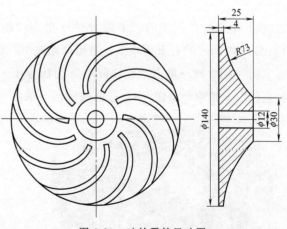

图 6-29 叶轮零件尺寸图

（2）过 $R6$ 圆心与 Z 轴平行的回转轴线，按 F8 键→单击"旋转增料"图标 ![图标] →"单向旋转"→输入"旋转角度"360，在"特征树"上拾取"草图"→拾取回转轴线→单击"确定"按钮，结果如图 6-31 所示。

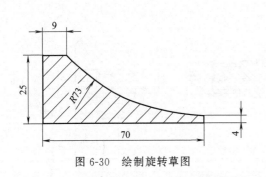

图 6-30　绘制旋转草图

图 6-31　旋转增料实体

（3）在实体底平面和顶面绘制草图，通过单击"放样增料"图标 →依次拾取各截断面草图→单击"确定"按钮，结果如图 6-32 所示。

（4）按 F8 键→单击"环形阵列"图标 ，弹出"环形阵列"对话框→输入"角度" 36→输入"数目"10→单击"自身旋转"，在"阵列对象"栏中拾取"选择阵列对象"→在"特征树"上拾取叶片特征，如图 6-33 所示。在"边/基准轴"栏中拾取"选择基准轴"→拾取直线→单击"完成"按钮，结果如图 6-34 所示。

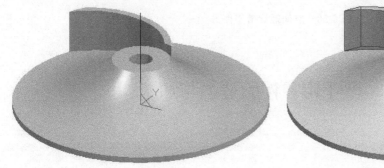

图 6-32　放样增料实体

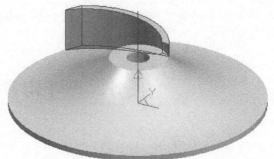

图 6-33　环形阵列

（5）单击特征树中的"平面 YZ"→单击"绘制草图"按钮 ，进入草图编辑状态，绘制图 6-35 所示的右上角草图，退出草图按 F8 键，如图 6-36 所示。

（6）按 F8 键→单击"旋转除料"图标 →"单向旋转"→输入"旋转角度"360，在"特征树"上拾取"草图"→拾取回转轴线→单击"确定"按钮，结果如图 6-37 所示。

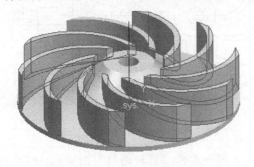

图 6-34　阵列实体

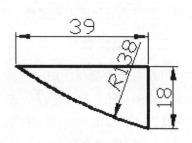

图 6-35　旋转除料草图尺寸图

图 6-36 旋转除料草图

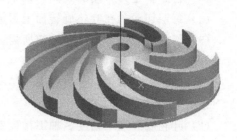

图 6-37 旋转除料实体

（7）单击"相关线"图标 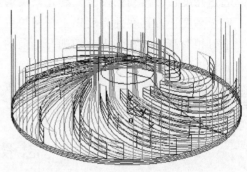→"实体边界"，拾取叶轮各轮廓边界线→用直纹面作出各叶片侧曲面及叶片底曲面，结果如图 6-38 所示。

（8）点取"加工"→"叶轮叶片"→"叶轮粗加工"命令，弹出对话框设置有关参数，拾取叶轮各叶片侧曲面及叶片底曲面，生成叶轮粗加工轨迹，线架显示如图 6-38 所示。

图 6-38 叶轮粗加工刀具轨迹

四、知识拓展

叶轮粗加工：对叶轮相邻两叶片之间的余量进行粗加工。

点取"加工"→"叶轮叶片"→"叶轮粗"，弹出对话框。

1. 叶轮装卡方位

（1）X 轴正向：叶轮轴线平行于 X 轴，从叶轮底面指向顶面同 X 轴正向同向的安装方式。

（2）Y 轴正向：叶轮轴线平行于 Y 轴，从叶轮底面指向顶面同 Y 轴正向同向的安装方式。

（3）Z 轴正向：叶轮轴线平行于 Z 轴，从叶轮底面指向顶面同 Z 轴正向同向的安装方式。

2. 走刀方向

（1）从上向下：刀具由叶轮顶面切入从叶轮底面切出，单向走刀。

（2）从下向上：刀具由叶轮底面切入从叶轮顶面切出，单向走刀。

（3）往复：在以上四种情况下，一行走刀完后，不抬刀而是切削移动到下一行，反向走刀完成下一行的切削加工。

3. 进给方向

（1）从左向右：刀具的行间进给方向是从左向右。

（2）从右向左：刀具的行间进给方向是从右向左。

（3）从二边向中间：刀具的行间进给方向是从两边向中间。

（4）从中间向二边：刀具的行间进给方向是从中间向两边。

4. 步长和行距

（1）最大步长：刀具走刀的最大步长，大于"最大步长"的走刀步将被分成两步。

（2）最小步长：刀具走刀的最小步长，小于"最小步长"的走刀步将被合并。

（3）行距：走刀行间的距离。以半径最大处的行距为计算行距。

（4）每层切深：在叶轮旋转面上刀触点的法线方向上的层间距离。

（5）切深层数：加工叶轮流道所需要的层数。叶轮流道深度＝每层切深×切深层数。

5. 加工余量和精度

（1）叶轮底面加工余量。粗加工结束后，叶轮底面（即旋转面）上留下的材料厚度，也是下道精加工工序的加工工作量。

（2）叶轮底面加工精度。加工精度越大，叶轮底面模型形状的误差也增大，模型表面越粗糙。加工精度越小，模型形状的误差也减小，模型表面越光滑。但是，轨迹段的数目增多，轨迹数据量变大。

（3）叶面加工余量。叶轮槽的左右两个叶片面上留下的下道工序的加工材料厚度。

起止高度：刀具初始位置。起止高度通常大于或等于安全高度。

安全高度：刀具在此高度以上任何位置，均不会碰伤工件和夹具。

下刀相对高度：在切入或切削开始前的一段刀位轨迹的长度，这段轨迹以慢速下刀速度垂直向下进给。

第一刀切削速度：第一刀进刀切削时按一定的百分比速度进刀。

思考与练习

1. 根据如图 6-39 所示尺寸，完成零件的实体造型设计，应用适当的加工方法编制完整的 CAM 加工程序，后置处理格式按 FANUC 系统要求生成。

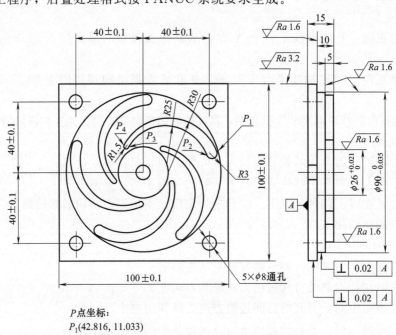

P 点坐标：
P_1(42.816, 11.033)
P_2(37.122, 9.152)
P_3(−8.692, 14.265)
P_4(−11.303, 15.743)

图 6-39 叶轮零件尺寸图

2. 建立并加工如图 6-40 所示的零件模型，利用四轴加工功能加工该模型。

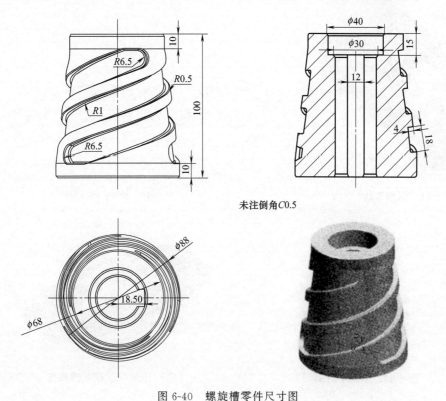

图 6-40　螺旋槽零件尺寸图

任务四　空间圆槽的设计与加工

一、任务导入

完成圆槽的造型，槽实体（宽为 25mm，深为 15mm），并生成圆槽四轴曲线加工轨迹，如图 6-41 所示。主要介绍以 B 轴为旋转轴的零件的设计及加工。

二、任务分析

由图 6-41 可知圆槽的形状主要是由圆柱面和圆槽曲面组成的，因此在构造实体时首先应使用拉伸增料生成圆柱面实体特征和圆槽曲面，然后利用曲面加厚除料，完成圆槽造型。

三、造型步骤

（1）绘制 R50 的水平圆，然后将圆绕 X 轴直线旋转 45°，如图 6-42 所示。

（2）单击"平移"图标 ➘ →"偏移量"→"拷贝"→输入"DX"0→输入"DY"25→输入"DZ"0，拾取椭圆线，结果如图 6-43 所示。

（3）单击"直纹面"图标 ➘ →"曲线＋曲线"，分别拾取两个椭圆大致相同的位置→右击结束，结果如图 6-44 所示。

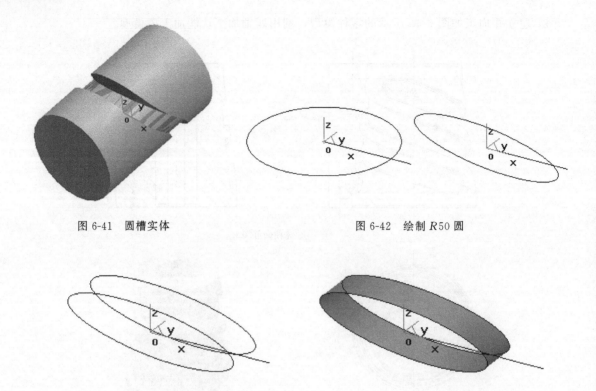

图 6-41　圆槽实体　　　　　　　　　　　图 6-42　绘制 R50 圆

图 6-43　绘制平行圆　　　　　　　　　　图 6-44　绘制圆环面

（4）在"特征树"上拾取"平面 XZ"作为基准面，按 F2 键→按 F5 键→绘制 ϕ50 圆→按 F2 键退出草图，"特征树"上生成"草图 0"，如图 6-45 所示。

（5）按 F8 键→单击"拉伸增料"图标 ▢ →"双向拉伸"→输入"深度"160，如图 6-46所示。

（6）按 F8 键→单击"曲面加厚除料"图标 ▤ →输入"厚度 1"15→拾取椭圆曲面→单击"确定"按钮，结果如图 6-47 所示。

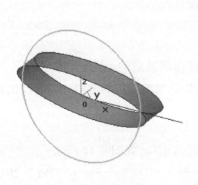

图 6-45　绘制草图

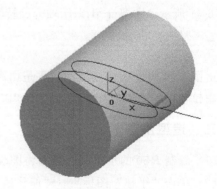

图 6-46　拉伸增料实体

（7）单击"平移"图标 ▨ →"偏移量"→"拷贝"→输入"DX"0→输入"DY"12.5→输

入"DZ"0,拾取椭圆线,作出椭圆槽中间曲线,结果如图6-48所示。

(8)单击"加工"→单击"四轴加工"→"四轴柱面曲线加工"命令,参数设置如图6-49所示。

(9)参数都设置好后,单击"确定"按钮,当系统提示"拾取曲线"时,单击平移后的曲线。当系统提示"确定链搜索方向"时,单击其中的一个方向。当系统再次提示"拾取曲线"时,单击右键跳过。

(10)当系统提示"缝取加工侧边"时,单击向外的箭头,单击右键,即可完成此空间圆槽的加工轨迹,如图6-50所示。

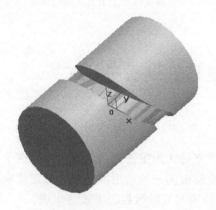

图6-47 曲面加厚除料实体

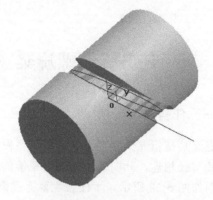

图6-48 绘制圆槽中间曲线

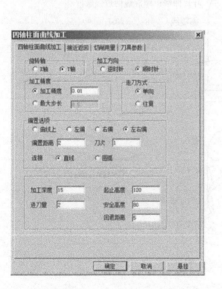

图6-49 四轴柱面曲线加工参数设置

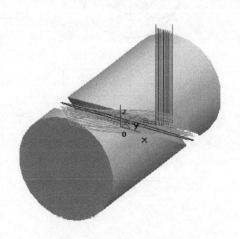

图6-50 圆槽加工轨迹

四、知识拓展

四轴柱曲线加工多用于回转体上加工槽,铣刀刀轴的方向始终垂直于第四轴的旋转轴,例如圆柱体上的螺旋曲线加工,如图6-51所示,轨迹仿真如图6-52所示。

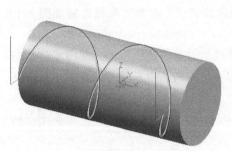  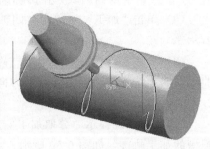

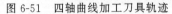

图 6-51　四轴曲线加工刀具轨迹　　　　图 6-52　四轴曲线加工刀具轨迹仿真

任务五　螺旋桨三维建模与五轴数控加工

一、任务导入

　　螺旋桨是指靠桨叶在空气中旋转将发动机转动功率转化为推进力的装置，或有两个或较多的叶与毂相连，叶向后的一面为螺旋面或近似于螺旋面的一种船用推进器。螺旋桨模型的工程图如图 6-53 所示，本任务主要完成螺旋桨三维建模与五轴数控加工轨迹生成。

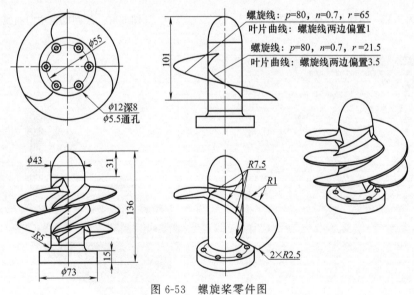

图 6-53　螺旋桨零件图

二、任务分析

　　如图 6-53 所示，该螺旋桨由中间的毂与 3 个螺旋叶片组成。其中，中间的毂由圆柱、半球等组成；螺旋叶片是基于螺距 80mm、圈数 0.7mm、半径 65mm 的螺旋线两边偏置 1mm 的两叶片曲线与螺距 80mm、圈数 0.7mm、半径 21.5mm 的螺旋线两边偏置 3.5mm 的两叶片曲线而形成的三维直纹螺旋曲面，结合 CAXA 软件建模可得螺旋叶片的叶片曲线是由半径 65mm 螺旋线与半径 21.5mm 螺旋线组成的直纹螺旋面向两边等距 1mm 与等距

3.5mm 后形成的等距面上的边界曲线；螺旋叶片的端部倒圆角 $R2.5$mm，与中间毂倒圆角 $R7.5$mm，叶片外部轮廓倒圆角 $R1$mm。

螺旋桨模型的加工依据其加工部位、模型构建过程与装夹方式可简单划分为以下几个部分：①螺旋桨底部的加工；②顶部曲面（球面）精加工；③叶片底部边沿 $R5$mm 圆角加工；④叶片精加工；⑤叶片中间柱面槽精加工。

三、造型加工步骤

1. 螺旋桨的三维模型构建

螺旋桨的三维模型构建步骤主要由中间基础模型、叶片模型与模型细节处理（倒角、过渡）3 个部分组成。根据螺旋桨模型零件图（图 6-53）完成螺旋桨三维建模，具体创建和操作步骤如下。

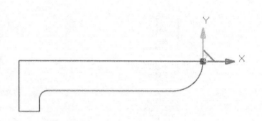

图 6-54 绘制草图

（1）中间基础模型构建。

在 XOZ 平面建立基础模型草图，应用软件二维绘图功能"直线"和"圆"完成草图绘制，如图 6-54 所示，退出草图立体图如图 6-55 所示；使用"旋转增料"完成回转体模型构建，如图 6-56 所示，选择"打孔"功能完成中间基础模型的构建，如图 6-57 所示。

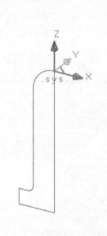

图 6-55 退出草图立体图

图 6-56 构建回转体模型

图 6-57 底部打孔

（2）叶片模型构建。

① 螺旋线绘制。由螺旋线的基本参数 $p-80$，$n-0.7$，$r-65$ 与 $p-80$，$n-0.7$ 和 $r-21.5$，选择"曲线"功能区→单击"公式曲线"命令，在弹出的"公式曲线"对话框中设置有关参数，如图 6-58 所示。绘制两条螺旋线，捕捉点放在中心高 62.5 的地方，如图 6-59 所示。

② 叶片曲线构建。使用"直纹面"生成叶片中间曲面，应用"曲面延伸"延伸功能将叶片曲面向 $\phi43$mm 圆柱面内部延伸 5mm 左右，如图 6-60 所示；应用"等距面"功能将叶片中间曲面向两边等距 1mm，选择"相贯线→曲面边界线"拾取等距曲面外侧边界，同样生成外侧 $r=65$mm 螺旋线的偏置曲线；应用"等距面"功能将叶片中间曲面向两边等距 3.5mm，选择"相贯线→曲面边界线"拾取等距曲面内侧边界，生成内侧 $r=21.5$mm 螺旋

线的偏置曲线，如图 6-61 所示。

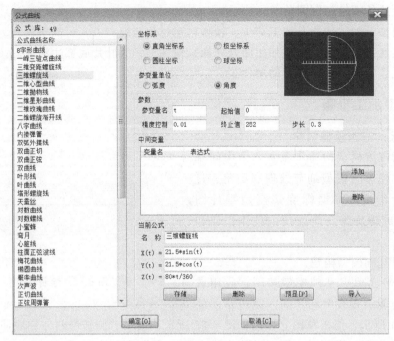

图 6-58 "公式曲线"对话框

图 6-59 绘制两条螺旋线

图 6-60 绘制叶片曲面

③ 叶片建模。应用"直纹面"完成单叶片曲面创建，如图 6-62 所示；使用"阵列→圆形、均布"完成叶片曲面创建，如图 6-63 所示；通过"曲面加厚→双向曲面加厚"，选择单叶片曲面完成叶片建模，如图 6-64 所示。

（3）模型细节处理。

选择"特征"功能区→单击"倒角"命令，在底部 1mm×45°倒角；选择"特征"功能区→单击"过渡"命令，完成 R5mm 圆弧过渡，$6×R$2.5mm 圆弧过渡，叶片端面 $6×R$7.5mm 圆弧过渡，叶片侧面 $6×R$7.5mm 圆弧过渡，叶片外沿 $6×R$1mm 圆弧过渡。完成结果如图 6-65 所示。

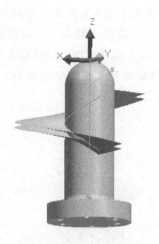

图 6-61　绘制等距面

图 6-62　绘制叶片曲线

图 6-63　绘制叶片曲面

图 6-64　叶片建模

图 6-65　叶片圆弧过渡

图 6-66　建立新坐标系

2. 五轴加工刀路设计

（1）螺旋桨底部加工。

选择"工具"功能区→单击"坐标系"命令，在模型底部建立加工坐标系，如图6-66所示。设定加工毛坯为φ140mm×140mm圆柱体，选择"加工"功能区→单击"平面区域粗加工"命令，底层高为0，生成如图6-67所示底部区域粗加工轨迹；选择"加工"功能区→单击"平面轮廓精加工"命令，顶层高为0，底层高为−16，生成螺旋桨模型底部轮廓精加工轨迹，选择"加工"功能区→单击"G01孔加工"命令，生成孔加工轨迹，如图6-68所示。

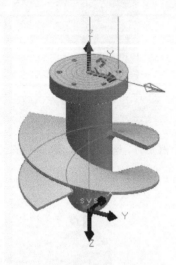

图6-67　底部区域粗加工

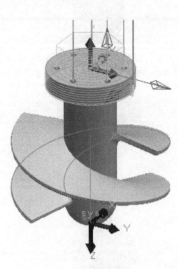

图6-68　底部轮廓精加工与孔加工

（2）顶部区域粗加工。

选择"加工"功能区→单击"等高线粗加工"命令，对螺旋桨模型顶部区域进行三轴开粗加工，选择加工刀具为φ10mm立铣刀，设置加工参数，选择加工曲面，完成加工刀具轨迹创建，如图6-69所示。

（3）R6mm圆角粗加工。

加工造型准备：根据模型毛坯与加工刀具轨迹使用几何要素，采用"导动面"完成R6mm圆角曲面。

刀路轨迹创建：选择"加工"功能区→"五轴加工"→单击"五轴侧铣加工2"命令，对R6mm圆角区域进行加工，选用加工刀具为φ12球头铣刀；在"加工参数"选项中设置"策略"为"按顶/底曲线同步""自动提取曲线"几何选择加工侧面与底面，并设定加工余量等，如图6-70所示；在"区域参数"选项"分层/分行"中设置"分行"和"加工方式"

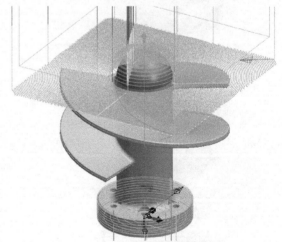

图6-69　顶部区域粗加工

等参数；在"连接参数"选项"行间连接"中设置"小行间连接"方式为"沿曲面连接"；完成刀具加工轨迹创建，如图6-71所示。

（4）叶片部分精加工。

加工造型准备：应用"实体表面→拾取表面"，选择叶片端面倒圆角R2.5mm、

$R7.5\text{mm}$ 及外沿倒圆角 $R1\text{mm}$ 等实体表面，提取叶片外部边沿加工曲面，使用"相贯线→曲面边界线"生成曲面边界曲线，结果如图 6-72 所示。

图 6-70　五轴侧铣加工参数设置　　　　　图 6-71　$R6\text{mm}$ 圆角粗加工轨迹

　　刀路轨迹创建：选择"加工"功能区→"五轴加工"→单击"五轴限制线"命令，对叶片外部边沿倒圆角进行加工，选用加工刀具为 $\phi8\text{mm}$ 球头铣刀；在"加工参数"选项中设置"加工余量：0""加工精度：0.01""加工行距：0.5"，其余"连接参数""刀轴控制"和"粗加工→旋转"选项中的参数设置如图 6-70 所示；按状态栏提示拾取加工曲面→选择两边的限制边界曲线完成刀具轨迹创建，结果如图 6-73 所示。按照上述操作完成叶片背面加工轨迹。

图 6-72　生成曲面边界曲线

图 6-73　叶片部分精加工轨迹

　　(5) 中间毂部分精加工。

　　选择"加工"功能区→"五轴加工"→单击"五轴限制面加工"命令，对叶片中间柱面槽精加工。"区域参数"选项"分层/分行"中设置"行数：1"，"连接参数"选项"缺省切入/切"中设置"切入：垂直相切圆弧"、"切出：相切圆弧"以及完成相切圆弧半径加工。中间毂部分精加工轨迹如图 6-74 所示。

3. 加工校验

应用软件实体仿真功能对创建的螺旋桨模型刀具轨迹进行模拟加工校验，经检查加工刀路轨迹无残留、过切，加工方案合理。

四、知识拓展

1. 五轴限制线加工

用五轴添加限制线的方式加工曲面。

点取"加工"→"五轴加工"→"五轴限制线加工"，弹出如图 6-75 所示对话框。

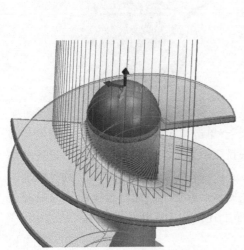

图 6-74　叶片中间柱面槽精加工轨迹

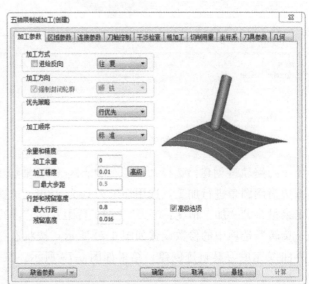

图 6-75　五轴限制线加工参数表

（1）加工方式。

往复：在刀具轨迹行数大于 1 时，行之间的刀迹轨迹方向可以往复。刀具到达加工终点后，不快速退刀而是与下一行轨迹的最近点之间走一个行间进给，继续沿着原加工方向相反的方向进行加工的方式。加工时为了减少抬刀，提高加工效率多采用此种方式。

单向：在刀次大于 1 时，同一层的刀迹轨迹沿着同一方向进行加工，这时，层间轨迹会自动以抬刀方式连接。精加工时为了保证加工表面质量多采用此方式。

（2）加工方向。

顺时针：刀具沿顺时针方向移动加工。

逆时针：刀具沿逆时针方向移动加工。

顺铣：刀具沿顺时针方向旋转加工。

逆铣：刀具沿逆时针方向旋转加工。

（3）优先策略。

行优先：生成优先加工每一行的轨迹。

区域优先：生成优先加工每一个区域的轨迹。

（4）加工顺序。

标准：生成标准的由工件一侧向另一侧加工的轨迹。

从里向外：环切加工轨迹由里向外加工。

从外向里：环切加工轨迹由外向里加工。

（5）轴向偏移。

轨迹轮廓上固定偏移：沿轨迹轮廓偏移固定的距离后进行加工。

从每行上渐变偏：每加工一行轨迹后都将轨迹偏移一个距离后加工下一行。

从轨迹轮廓上渐变偏：沿轨迹轮廓偏移，随加工的进行偏移距离跟随变化。

2. 五轴限制面加工

用五轴添加限制面的方式加工曲面。

点取"加工"→"五轴加工"→"五轴限制面加工"，弹出如图6-76所示对话框。

（1）加工方式。

往复：在刀具轨迹行数大于1时，行之间的刀迹轨迹方向可以往复。刀具到达加工终点后，不快速退刀而是与下一行轨迹的最近点之间走一个行间进给，继续沿着原加工方向相反的方向进行加工的方式。加工时为了减少抬刀，提高加工效率多采用此种方式。

单向：在刀次大于1时，同一层的刀迹轨迹沿着同一方向进行加工，这时，层间轨迹会自动以抬刀方式连接。精加工时为了保证加工表面质量多采用此方式。

图6-76　五轴限制面加工参数表

（2）加工方向。

顺时针：刀具沿顺时针方向移动加工。

逆时针：刀具沿逆时针方向移动加工。

顺铣：刀具沿顺时针方向旋转加工。

逆铣：刀具沿逆时针方向旋转加工。

（3）优先策略。

行优先：生成优先加工每一行的轨迹。

区域优先：生成优先加工每一个区域的轨迹。

（4）加工顺序。

标准：生成标准的由工件一侧向另一侧加工的轨迹。

从里向外：环切加工轨迹由里向外加工。

从外向里：环切加工轨迹由外向里加工。

（5）余量和精度。

加工余量：加工后工件表面所保留的余量。

加工精度：即输入模型的加工误差。计算模型的轨迹的误差小于此值。加工误差越大，模型形状的误差也增大，模型表面越粗糙。加工精度越小，模型形状的误差也减小，模型表面越光滑，但是，轨迹段的数目增多，轨迹数据量变大。

最大步距：生成加工轨迹的刀位点沿曲线按弧长均匀分布的最大距离。当曲线的曲率变化较大时，不能保证每一点的加工误差都相同。

（6）行距和残留高度。

行距：轨迹的行间距离。

残留高度：工件上残留的余量。

思考与练习

按照如图 6-77 所示实体造型，并选用合适的多轴加工方法对曲面部分进行加工，生成加工轨迹。

图 6-77　曲面图案加工模型

项 目 小 结

本项目主要学习四轴曲线加工、四轴平切面加工轨迹生成方法，多轴加工中的曲线加工、曲面区域加工、叶轮系列粗加工和精加工、五轴加工等功能，以及在多轴产品设计和加工过程中所需要注意的事项等。通过按照零件模型成形情况进行加工编程，将建模工艺与加工工艺统一有机结合，如叶片是由直纹面构成，加工时可直接应用五轴侧铣功能完成加工，使建模与加工相吻合。掌握运用 CAXA 制造工程师 2016 进行四轴和五轴零件设计和加工的方法，树立多轴加工思维概念。

项 目 实 训

一、填空题

1. 在 CAXA 制造工程师中系统提供了（　　）、（　　）、（　　）三种毛坯定义方式。

2. 拉伸增料是将一个轮廓曲线（　　），用以生成一个材料的特征。

3. 曲面加厚是对指定的曲面按照给定的（　　）和（　　）生成实体。

4. 曲面减料可对单独曲面进行加厚操作，也可对（　　）的曲面进行内部填充去除的特征修改。

5. 面间干涉是指在加工一个或系列表面时，可能对其他表面产生的（　　）现象。

6. 在 CAXA 制造工程师中构造网格面的步骤是：首先构造曲面的（　　）网格线来确定曲面的骨架形状，再用自由曲面插值特征网格线生成曲面。

7. 曲面裁剪时两曲面必须有（　　），否则无法裁剪曲面。

8. 创建坐标系有五种方法，分别是（　　）、（　　）、（　　）、（　　）、（　　）。

9. 曲面延伸功能不支持（　　）曲面的延伸。

10. 模型是指系统存在的所有（　　　）和（　　　）的总和（包括隐藏的曲面或实体）。

二、选择题

1. 在 CAXA 制造工程师中改变观察方向，通过按 F8 键会显示（　　　）。

A. XZ 平面　　　　　B. 轴测　　　　　C. XY 平面　　　　　D. YZ 平面

2. 在 CAXA 制造工程师中系统用黑色斜杠来表示当前面。若想改变当前面可通过按（　　　）键在当前坐标系下的三个平面间进行切换。

A. F7　　　　　　　B. F8　　　　　　　C. F9　　　　　　　D. F10

3. 曲面拼接共有三种方式，下面不正确的是（　　　）。

A. 两面拼接　　　　B. 三面拼接　　　C. 四面拼接　　　　D. 五面拼接

4. 清根加工属于（　　　）加工。

A. 半精加工　　　　B. 精加工　　　　C. 补加工　　　　　D. 其他

5. 修剪是用拾取一条曲线或多条曲线作为（　　　），对一系列被裁剪曲线进行裁剪。

A. 裁剪点　　　　　B. 裁剪线　　　　C. 裁剪面　　　　　D. 裁剪体

三、判断题

1. 曲面重拟合功能不支持裁剪曲面。（　　　）

2. 曲线拉伸将指定曲线拉伸到指定点。（　　　）

3. 相关线用来描绘曲面或实体的交线、边界、参数线、法线、投影线和实体边界。（　　　）

4. 过渡是指以给定半径在实体间做光滑过渡。（　　　）

5. 2 轴或 2.5 轴加工方式可直接利用零件的轮廓曲线生成加工轨迹指令，而无须建立其三维模型。（　　　）

四、简答题

1. 简述 CAXA 制造工程师提供的特征造型方式。

2. 简述固接导动与平行导动的区别。

3. 试述插铣式粗加工的应用场合。

五、作图题

1. 按照如图 6-78 所示实体造型，并选用合适的多轴加工方法对曲面部分进行加工，生成加工轨迹。

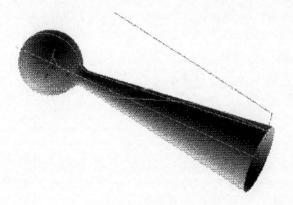

图 6-78　锥形曲面加工模型

2. 按照如图 6-79 所示凹形曲面实体造型，并选用合适的多轴加工方法对凹形曲面部分进行加工，生成加工轨迹。

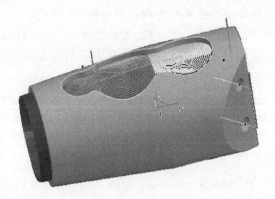

图 6-79　凹形曲面加工模型

项目七

图像加工与仿真

随着数控技术的发展，激光加工、激光加工、切割加工、雕刻加工、紫光加工、数码冲孔加工、电脑车加工、钣金加工、金属切割加工等技术被广泛应用到生产实践中，本项目主要学习 CAXA2016 制造工程师软件中新增加的切割加工、雕刻加工、图像浮雕加工、影像浮雕加工和曲面图像浮雕加工功能，应用 CAXA2016 制造工程师来加工文字、浮雕等，能够简化其加工、提高生产效率。

【技能目标】
- 掌握切割加工轨迹生成方法。
- 掌握雕刻加工轨迹生成方法。
- 掌握图像浮雕加工轨迹生成方法。
- 掌握影像浮雕加工轨迹生成方法。

任务一　五角星切割加工与仿真

一、任务导入

绘制外接圆 $\phi52.6$ 的五角星平面图形，如图 7-1 所示，用切割加工方法生成切割加工轨迹。

二、任务分析

图 7-1 所示的是五角星零件轮廓图，毛坯可用圆柱体及长方体，由于只加工外轮廓，所以可以不用实体造型，只画出外轮廓，用切割加工方法生成切割加工轨迹及仿真。

三、操作步骤

（1）绘制如图 7-2 所示五角星轮廓图外形轮廓图。

（2）选择"加工"功能区→单击"切割加工"命令，在弹出的切割对话框中，设置切割外轮廓，顺时针方向，顶层高度设为 0、底层高度设为 -2、层间高度设为 1。

（3）加工参数设置完后按"确定"键，按顺时针方向拾取五角星外轮廓，单击右键生成如图 7-3 所示五角星零件外轮廓切割轨迹。

图 7-1　五角星零件轮廓图

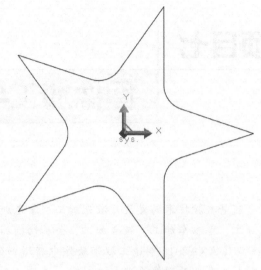

图 7-2　绘制五角星轮廓图

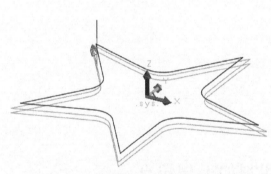

图 7-3　五角星零件外轮廓切割轨迹图

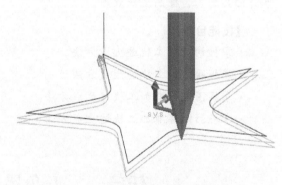

图 7-4　五角星零件轮廓切割仿真图

（4）选择"加工"功能区→单击"仿真加工"命令，选择"线框仿真"方式，单击切割轨迹，出现如图 7-4 所示的五角星零件轮廓切割仿真加工。

四、知识拓展

切割加工"功能"：属于二轴加工方式，拾取文字或曲线，可对毛坯进行切割加工生成切割加工轨迹。

点取"加工"选项卡的"二轴加工"→"切割加工"菜单项，弹出如图 7-5 所示的对话框。

每种加工方式的对话框中都有"确定""取消""悬挂"三个按钮，按"确定"按钮确认加工参数，开始随后的交互过程；按"取消"按钮取消当前的命令操作；按"悬挂"按钮表示加工轨迹并不马上生成，交互结束后并不计算加工轨迹，而是在执行轨迹生成批处理命令时才开始计算，这样就可以将很多计算复杂、耗时的轨迹生成任务准备好，直到空闲的时间，比如夜晚才开始真正计算，大大提高了工作效率。

切割加工参数表的内容包括：加工参数、连筋参数、起始点、切入切出、下刀方式、切削用量、坐标系、刀具参数、几何共 9 项。下刀方式前面已有介绍。加工参数包括：切割、勾边方向、拐角过渡、切割顺序、高度、精度和余量以及挑角等项，每一项中又有其各自的

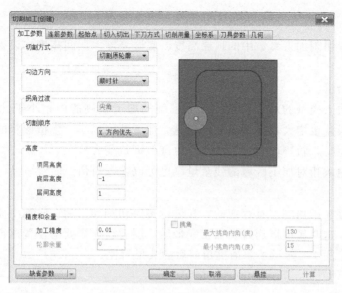

图 7-5　切割加工参数表

参数。具体含义可参看加工基本概念的解释，各种参数的含义和填写方法如下。

（1）切割方式。

是指刀具切割沿着所选轮廓的位置，可以选择切割内轮廓、切割外轮廓、切割原轮廓，如图 7-6 所示。切割内轮廓是切割时向着轮廓内部偏置一个刀具半径的距离，防止轮廓过切；切割外轮廓是指切割时向着轮廓外部偏置一个刀具半径的距离，防止轮廓过切；切割原轮廓是指切割时刀具中心沿着轮廓走刀，不偏置。

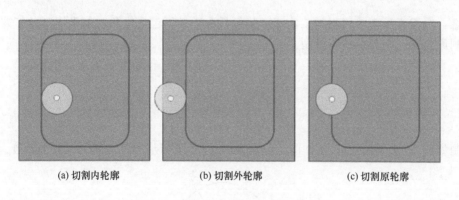

(a) 切割内轮廓　　　　　　　　(b) 切割外轮廓　　　　　　　　(c) 切割原轮廓

图 7-6　切割加工的切割方式示意图

（2）勾边方向。

是指刀具勾边时以顺时针方向进行还是以逆时针方向进行。

（3）拐角过渡。

拐角过渡就是在切削过程遇到拐角时的处理方式，本系统提供尖角和圆弧两种过渡方法。

＊ 尖角：刀具从轮廓的一边到另一边的过程中，以两条边延长后相交的方式连接。

＊ 圆弧角：刀具从轮廓的一边到另一边的过程中，以圆弧的方式过渡。过渡半径＝刀

具半径＋余量。

（4）高度。

可以通过设置切割加工参数中的顶层高度、底层高度、层间高度来设置轨迹间距和轨迹所在位置。

（5）精度和余量。

加工精度：输入模型的加工精度。计算模型的加工轨迹的误差小于此值。加工精度越大，模型形状的误差也增大，模型表面越粗糙。加工精度越小，模型形状的误差也减小，模型表面越光滑，但是，轨迹段的数目增多，轨迹数据量变大。

轮廓余量：输入相对加工区域的残余量，也可以输入负值。

（6）挑角。

挑角是针对存在锥角的刀具存在的。在进行多层切割加工后，轮廓中原有存在尖角的部分会成一个弧面，这时候可以通过在加工完最后一层后，在需要的位置进行挑角来将该弧面挑出一定的角度。图 7-7 显示了添加挑角前后的效果对比。

(a) 挑角前轨迹及实际效果图   (b) 挑角后轨迹及实际效果图

图 7-7　挑角添加前后的效果对比

注意：对需要挑角的切割加工轨迹，其刀具选择必须包含锥角；如果切割加工方式选择的是切割原轮廓，则无法进行挑角。

思考与练习

绘制如图 7-8 所示的连杆零件图，厚度 2mm，利用切割加工功能生成加工轨迹。

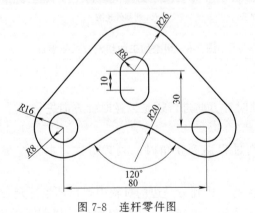

图 7-8　连杆零件图

任务二　文字雕刻加工与仿真

一、任务导入

在 90mm×40mm×20mm 的长方体内形腔上表面雕刻加工"工匠精神"四个字，字高 2mm，模型如图 7-9 所示。

二、任务分析

从图 7-9 可以看出，该模型为长方体内型腔模型，先利用特征模型生成方法，完成长方体造型，然后在内形腔上表面雕刻加工"工匠精神"四个字。通过该任务的练习，复习草图建立，拉伸造型的方法，掌握文字雕刻加工轨迹生成方法。

三、操作步骤

（1）利用特征模型生成方法，完成图 7-10 所示 90mm×40mm×20mm 的长方体，内型腔为 85mm×35mm×2mm 的长方体，造型过程略。

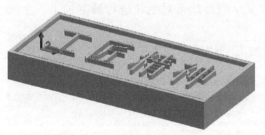

图 7-9　文字雕刻模型

图 7-10　绘制长方体模型

（2）点取"曲线"选项卡的"文字输入"功能，弹出如图 7-11 所示的对话框。设置字体为 20，输入"工匠精神"四个字，单击"确定"按钮，结果如图 7-12 所示。

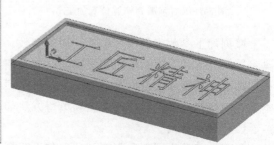

图 7-11　"文字输入"对话框

图 7-12　工匠精神造型

（3）按 F5 键，如图 7-13 所示。点取"加工"功能→"雕刻加工"选项，弹出雕刻加工参数设置对话框，选阳刻，设置顶层高度 2、底层高度 0、层间高度 1，加工参数设置完后按"确定"键退出对话框，选择文字轮廓，单击右键生成如图 7-14 所示文字雕刻加工轨迹。

图 7-13　文字水平图

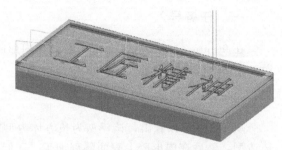

图 7-14　文字雕刻轨迹图

（4）选择"加工"功能区→单击"仿真加工"命令，选择"真实仿真"方式，单击文字雕刻加工轨迹，进入轨迹真实仿真窗口，文字雕刻轨迹仿真加工结果如图 7-15 所示。

四、知识拓展

雕刻加工"功能"：属于二轴加工方式，拾取文字或曲线可对毛坯进行雕刻加工，生成雕刻加工轨迹。

参数表说明：点取"加工"选项卡的"二轴加工"→"雕刻加工"菜单项，弹出如图 7-16 所示的对话框。

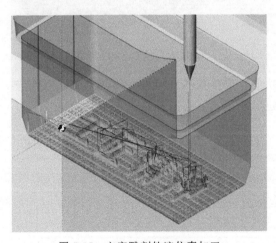

图 7-15　文字雕刻轨迹仿真加工

图 7-16　雕刻加工参数表

雕刻加工参数表的内容包括：加工参数、切入切出、下刀方式、切削用量、坐标系、刀具参数、几何共 7 项。下刀方式前面已有介绍。加工参数包括：雕刻方式、勾边方向、重叠率和高度、精度和余量以及描边等项，每一项中又有其各自的参数。具体含义可参看加工基本概念的解释，各种参数的含义和填写方法如下。

（1）雕刻方式。

雕刻加工分为阳刻和阴刻两种，其中阴刻是加工封闭以内的区域；而阳刻是加工封闭轨迹意外的区域，如图 7-17 所示。

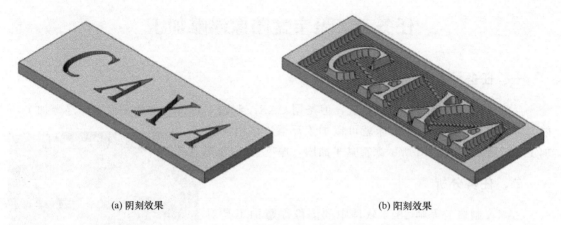

(a) 阴刻效果　　　　　　　　　　　　　(b) 阳刻效果

图 7-17　雕刻加工阴刻和阳刻效果展示

雕刻加工铣底主要有以下几种方式：水平铣底、纵向铣底、正向 45 度铣底、反向 45 度铣底、环形铣底、任意角度铣底。其中任意角度铣底需要在后续角度框中输入角度。

（2）勾边方向。

是指刀具勾边时以顺时针方向进行还是以逆时针方向进行。

（3）拐角过渡。

拐角过渡就是在切削过程遇到拐角时的处理方式，本系统提供尖角和圆弧角两种过渡方法。

　＊尖角：刀具从轮廓的一边到另一边的过程中，以两条边延长后相交的方式连接。

　＊圆弧角：刀具从轮廓的一边到另一边的过程中，以圆弧的方式过渡。过渡半径＝刀具半径＋余量。

（4）重叠率和高度。

可以通过设置切割加工参数中的重叠率、顶层高度、底层高度、层间高度来设置轨迹间距和轨迹所在位置。

（5）精度和余量。

加工精度：输入模型的加工精度。计算模型的加工轨迹的误差小于此值。加工精度越大，模型形状的误差也增大，模型表面越粗糙。加工精度越小，模型形状的误差也减小，模型表面越光滑，但是，轨迹段的数目增多，轨迹数据量变大。

（6）描边。

描边是在每一层加工的过程都会对沿着轮廓走刀，这样可以夫掉未描边加工时的残留，使轮廓更规整。

思考与练习

在 90mm×60mm×40mm 的长方体内形腔上表面雕刻加工"大国工匠"四个字，字高 2mm。

任务三　聚宝盆图像浮雕加工

一、任务导入

浮雕加工一般都需要用雕刻机，但是用 CAXA 制造工程师软件的平面图像浮雕加工功能，可以使用普通的数控机床就可以加工浮雕。试用浮雕加工功能雕刻如图 7-18 所示聚宝盆平面图，厚度为 2mm。

二、任务分析

CAXA 制造工程师 2016 软件中的图像浮雕加工是对平面图像进行加工的，并且只支持 *.bmp 格式的灰度图像，刀具的雕刻深度随灰度图片的明暗变化而变化。由于图像浮雕的加工效果基本由图像的灰度值决定，因此浮雕加工的关键在于原始图形的建立。如果要加工一张彩色的图片或者其他格式的图片，必须先对其格式进行转换。手绘图形可以扫描或拍照，然后用 Photoshop 转换为 *.bmp 格式，对其灰度值进行调整后就可以进行浮雕数控加工。本任务生成深度 2mm 的聚宝盆浮雕加工轨迹。

图 7-18　聚宝盆平面图片

三、操作步骤

（1）打开 CAXA 制造工程师软件，选择"常用"→"导入模型"→打开准备好的浮雕平面图片，如图 7-19 所示。

（2）单击图片，选择"加工"→"图像加工"→"图像浮雕加工"菜单项，在弹出的对话框中的图像文件选项卡中出现平面图片，如图 7-20 所示。然后对各个参数进行设置，顶层高 3mm，深 2mm，如图 7-21 所示。

图 7-19　导入平面图片

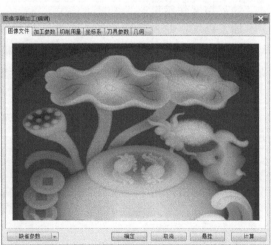

图 7-20　"图像浮雕加工"对话框

（3）参数设置完后，单击"确定"按钮退出对话框，生成聚宝盆平面图像浮雕加工轨迹，如图 7-22 所示。

图 7-21　图像浮雕加工参数设置　　　　图 7-22　聚宝盆平面图像浮雕加工轨迹

四、知识拓展

图像浮雕加工：

读入 ＊.bmp 格式灰度图像，生成图像浮雕加工刀具轨迹。刀具的雕刻深度随灰度图片的明暗变化而变化。

（1）点取"加工"→"图像加工"→"图像浮雕加工"菜单项，弹出对话框，提示用户选择位图文件。

（2）选择您需要的位图文件后，按打开按钮，屏幕出现您选择的位图图像并弹出图像浮雕加工对话框。

（3）图像浮雕加工参数表中包括图像浮雕加工参数。图像浮雕加工参数选项卡包括顶层高度、浮雕深度、加工行距、加工精度、Y 向尺寸、加工层数、平滑次数、最小步距、走刀方式、高度值、原点定位于图片等参数设置，下面详细介绍各个参数含义。

顶层高度：定义浮雕加工时，材料的上表面高度，一般均为零。

浮雕深度：定义浮雕切削深度。

加工行距：定义浮雕加工两行刀具轨迹之间的距离。

加工精度：输入模型的加工精度。计算模型的轨迹的误差小于此值。加工精度越大，模型形状的误差也增大，模型表面越粗糙。加工精度越小，模型形状的误差也减小，模型表面越光滑，但是，轨迹段的数目增多，轨迹数据量变大。

Y 向尺寸：定义加工出的浮雕产品的 Y 向尺寸。

加工层数：当加工深度较深时，可设置分层下刀。（最大高度－最小高度）/加工层数＝每层下刀深度。

平滑次数：使轨迹线更加平滑。

最小步距：刀具走刀的最小补长，小于"最小步长"的走刀步将被删除。

走刀方式：

① 往复。在刀具轨迹行数大于1时，行之间的刀迹轨迹方向可以往复。

② 单向。在刀次大于1时，同一层的刀迹轨迹沿着同一方向进行加工。

高度选项：

① 白色最高。

② 黑色最高。

关于图像浮雕的说明：由于图像浮雕的加工效果基本由图像的灰度值决定，因此，浮雕加工的关键是原始图形的建立。用扫描仪输入的灰度图，其灰度值一般不够理想，需要用图像处理软件（像Photoshop等）对其灰度进行调整，这样才能得到比较好的加工效果。进行图像浮雕加工，需要操作者有一定的图像灰度处理能力。

思考与练习

试用浮雕加工功能雕刻如图7-23所示双龙平面图，厚度为2mm。

图7-23　双龙平面图

任务四　立体景观影像浮雕加工

一、任务导入

影像浮雕加工是模仿针式打印机的打印方式，在材料上雕刻出图画、文字等。图像不需要进行特殊处理，只要有一张原始图像，就可生成影像雕刻路径。试用影像浮雕功能雕刻如图7-24所示立体景观图，厚度为0.5mm。

二、任务分析

CAXA2016制造工程师软件中新增加了浮雕模块，针对浮雕模块中的影像浮雕图片处理、刀具选择、参数设置、模拟加工等整套的加工工程进行研究，实践表明，应用CAXA2016制造工程师来加工浮雕，能够简化浮雕加工，提高生产效率。本任务生成深度0.5mm立体景观图加工轨迹。

三、操作步骤

（1）打开 CAXA 制造工程师软件，选择"常用"→"导入模型"→打开准备好的影像浮雕图片，如图 7-25 所示。

图 7-24 立体景观图

图 7-25 导入影像浮雕图片

（2）单击图片，选择"加工"→"图像加工"→"影像浮雕加工"菜单项，在弹出的对话框中的图形文件选项卡中出现平面图片。然后对各个参数进行设置，顶层高 0.5mm，深 0.5mm，如图 7-26 所示。

（3）参数设置完后，单击"确定"按钮退出对话框，生成立体景观影像浮雕加工轨迹，如图 7-27 所示。

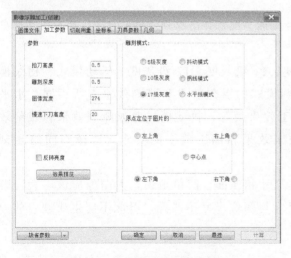

图 7-26 影像浮雕加工参数设置

图 7-27 立体景观影像浮雕加工轨迹

四、知识拓展

影像浮雕加工：

模仿针式打印机的打印方式，在材料上雕刻出图画、文字等。刀具打点的疏密变化由原始图像的明暗变化决定。图像不需要进行特殊处理，只要有一张原始图像，就可生成影像雕刻路径。

(1) 选择"加工"→"图像加工"→"影像浮雕加工"菜单项，弹出图7-28所示的影像浮雕加工选择位图文件对话框。

(2) 选择好位图文件后，按"打开"按钮，屏幕弹出图7-28所示影像浮雕加工参数设置对话框。

(3) 影像浮雕加工参数表中包括图像浮雕加工参数。影像浮雕加工参数选项卡包括抬刀高度、雕刻深度、图像宽度、慢速下刀高度、反转亮度、效果预览、雕刻模式等参数设置，下面详细介绍各个参数含义。

图7-28　影像浮雕加工位图文件对话框

抬刀高度：影像雕刻时刀具的运动方式与针式打印机的打印头运动方式类似，刀具不断的抬落刀，在材料表面打点。抬刀高度用来定义刀具打完一个点后向另一个点运动时的空走高度。

雕刻深度：定义打点深度。

图像宽度：定义生成的刀具路径在 X 方向的尺寸。

反转亮度：系统默认在浅色区打点，图像颜色越浅的地方打点越多。如果使反转亮度有效，图像颜色越深的地方打点越多。

效果预览：单击"效果预览"按钮，片刻后，屏幕弹出雕刻效果示意图，用户可在屏幕上看出影像雕刻的大体效果。

雕刻模式：雕刻模式中包括5级灰度、10级灰度、17级灰度、抖动模式、拐线模式、水平线模式等雕刻模式。这几种雕刻模式的雕刻效果和雕刻效率有所不同，水平线模式的加工速度最快，17级灰度的加工效果最好，抖动模式兼顾雕刻效果和雕刻效率。用户在进行实际雕刻时，可按照加工效果和加工效率的要求，选择不同的雕刻模式。

注意：影像雕刻的图像尺寸应和刀具尺寸相匹配。简单地说，大图像应该用大刀雕刻，小图像应该用小刀雕刻。如果刀具尺寸与图像尺寸不匹配，可能不能生成理想的刀具路径。

思考与练习

试用影像浮雕功能雕刻如图7-29所示挂件立体图，厚度为0.5mm。

图 7-29　挂件立体图

项目小结

　　雕刻加工广泛应用于工业模具、标牌、名牌、胸牌、建筑模型、印章、广告切字、艺术品、装饰品、图像浮雕等产品的计算机辅助设计和加工代码自动生成。

　　本项目主要学习 CAXA2016 制造工程师软件中新增加的切割加工、雕刻加工、图像浮雕加工、影像浮雕加工功能，尽量简化作图过程，提高加工效率。通过典型工作任务的学习，使读者快速掌握并熟练运用雕刻加工方法。

项目实训

1. 绘制如图 7-30 所示的垫片轮廓图，厚度 2mm，利用切割加工功能生成加工轨迹。
2. 导入如图 7-31 所示的图像模型，并利用图像浮雕加工功能生成加工轨迹。

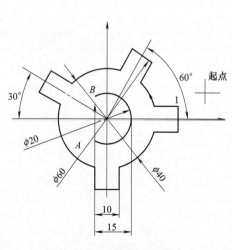

图 7-30　垫片轮廓图

图 7-31　图像模型

3. 导入如图 7-32 所示的人像模型，并利用影像浮雕加工功能生成加工轨迹。

图 7-32　人像模型

综合训练

综合训练一　线架造型

一、填空题

1. CAXA 制造工程师采用精确的（　　）造型技术，可将设计信息用（　　）来描述，简便而准确。

2. 所谓"线架造型"就是直接使用空间点、直线、圆、圆弧等来表达（　　）的造型方法。

3. 计算机辅助设计和计算机辅助制造（Computer Aided Design and Computer Aided Manufacturing，简称 CAD/CAM）技术，作为传统技术与（　　）的结合，以不同的方式广泛应用于各项工程实践中。

4. 圆弧过渡用于在两根曲线之间进行给定半径的（　　）。

5. 阵列是通过一次操作同时生成若干个相同的图形，可以提高作图速度。阵列有（　　）与（　　）两种方式。

6. CAXA 制造工程师常用的命令以（　　）的方式显示在绘图区的上方。

7. CAD/CAM 硬件系统主要是指计算机的（　　）系统。

8. 坐标系是建模的基准，在 CAXA 制造工程师中许可系统同时存在多个坐标系，其中正在使用的坐标系叫（　　）。

9. CAXA 制造工程师中提供的造型方法属于（　　）。

10. （　　）是指对指定的两条曲线进行圆弧过渡、尖角过渡或对两条直线倒角。

二、选择题

1. 在进行点的输入操作时，在弹出的数据输入框中输入"100/2，30＊2，140sin30"后，得到的结果为（　　）。

A. 50，60，70　　　B. 100，30，140　　　C. 无效输入

2. 当需要输入特征值点时，按（　　）键可弹出点工具菜单。

A. Esc　　　　　　B. Enter　　　　　　C. Space

3. CAXA 制造工程师等高线粗加工属于（　　）轴加工。

A. 2　　　　　　　B. 2.5　　　　　　　C. 3　　　　　　　D. 4

4. 在利用点工具菜单生成单个点时，不能利用的点是（　　）。

A. 端点和中点　　　B. 圆心　　　　　　C. 切点和垂足点

5. 当需要输入特征值点时，按特征值点的快捷键 M 以表示捕捉（　　）。

A. 端点　　　　　　B. 中点　　　　　　C. 交点

三、判断题

1. 安全高度是指保证在此高度以上可以快速走刀而不发生过切的高度。（　　）

2. 慢速下刀距离是指由快进（G01）转为工进（G00）时的位置长度。（　　）

3. 加工余量车、铣加工均是去除余量的过程，即从毛坯开始逐步去除多余的材料，以得到需要的零件。（　　）

4. 实际的加工模型是制定的加工模型按给定的加工余量进行等距的结果。（　　）

5. 在两轴联动控制中，对于直线和圆弧的加工存在误差，加工误差是指对样条线进行加工时用折线段逼近样条线时的误差。（　　）

四、简答题

1. 简述 CAXA 制造工程师的基本功能。

2. 已知点的坐标输入有几种方法？各有何特点？

3. 简述 CAD、CAM、CAPP 的基本概念。

五、作图题

1. 按图1绘制零件尺寸。

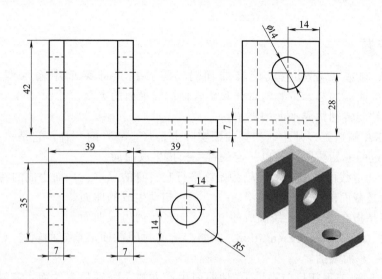

图 1   零件尺寸图

2. 按图2绘制球面零件。（提示：使用圆、平面镜像、修剪等功能。）

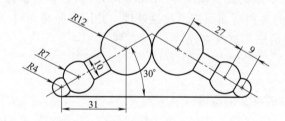

图 2   球面零件尺寸图

3. 按图3绘制凸台零件，图4为凸台零件立体图。

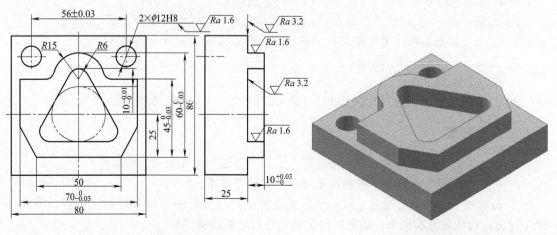

图 3   凸台零件尺寸图   图 4   凸台零件立体图

综合训练二　曲面造型

一、填空题

1. CAXA制造工程师生成旋转曲面时，需要在立即菜单中输入两个相关参数：①（　　）。生成曲面的起始位置与母线和旋转轴构成平面的夹角。②（　　）。生成曲面的终止位置与母线和旋转轴构成平面的夹角。

2. 在CAXA制造工程师中，扫描曲面实际上是（　　）的一种，它是一条空间曲线沿指定方向从给定的起始位置开始以一定的锥度扫描生成曲面。

3. 平行导动指截面线沿导动线趋势始终平行它自身的（　　）而生成的特征实体。

4. 导动面是截面曲线或轮廓线沿着（　　）扫动生成的曲面。

5. 边界面是指在已知边界线围成的（　　）区域内生成曲面。

6. 扫描法（Sweep Representation）是将二维的封闭截面沿给定的轨迹（　　）或绕给定的轴线（　　）而成的。

7. CAXA制造工程师目前提供10种曲面生产方式，分别是直纹面、旋转面、扫描面、边界面、放样面、网格面、导动面、等距面、（　　）和（　　）。

8. 直纹曲面的特点是母线为（　　），曲面形状受两条轨迹曲线控制。

9. 由多个曲面融接而成的曲面模型（Surface Models），通常被称为（　　）。

10. 在三张曲面之间对两两曲面进行过渡处理，并用一张角面将所得的三张过渡面连接起来。若两两曲面之间的三个过渡半径（　　），称为（　　）。

二、选择题

1. 计算机辅助制造的英文缩写为（　　）。
A. CAD　　　　　　B. AI　　　　　　C. CAM　　　　　　D. CAPP

2. 在CAXA制造工程师中提供了（　　）种绘制圆的方法。
A. 2　　　　　　　B. 3　　　　　　　C. 4　　　　　　　D. 5

3. 曲面缝合是指将（　　）光滑连接为一张曲面。
A. 两张曲面　　　　B. 三张曲面　　　　C. 四张曲面　　　　D. 多张曲面

4. CAXA制造工程师毛坯定义有三种方式：两点方式、三点方式和（　　）。
A. 点面方式　　　　B. 点线方式　　　　C. 参照模型　　　　D. 四点方式

5. 深腔类特征一般采用（　　）。
A. 等壁厚加工　　　B. 等高线加工　　　C. 插铣式加工　　　D. 参数线加工

三、判断题

1. 制造工程师系统计算刀位轨迹时默认全局刀具起始点作为刀具初始点。　　　　（　　）

2. 机床刀库是与各种机床的控制系统相关联的刀具库。　　　　　　　　　　　（　　）

3. 仿真加工就是利用制造工程师软件系统模拟实际生产中的每一道加工过程，将刀具加工时的运行轨迹显示出来。还要对加工轨迹进行动态图像模拟。　　　（　　）

4. 在CAXA制造工程师中可以将切削残余量用不同颜色区分表示，并把切削仿真结果

与零件理论形状进行比较。　　　　　　　　　　　　　　　　　　　（　　　）

5. 在 CAXA 制造工程师中提供了平面分模和曲线分模。　　　　　（　　　）

四、简答题

1. 简述 CAXA 制造工程师中的曲面拼接种类。

2. 导动面是如何形成的？它有哪些种类？

3. 简述 CAXA 制造工程师中曲面过渡的概念及其种类。

五、作图题

1. 根据托架的轴测图（图 1）绘制其线架立体图。

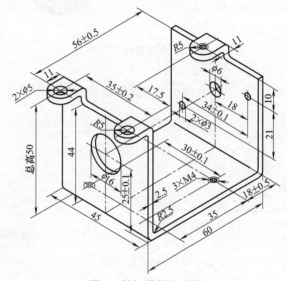

图 1　托架零件尺寸图

2. 根据三视图（图 2）绘制其曲面立体图。

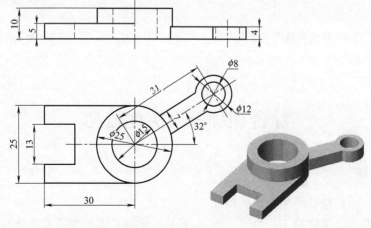

图 2　曲面模型尺寸图

3. 根据三视图（图 3）绘制其曲面立体图。

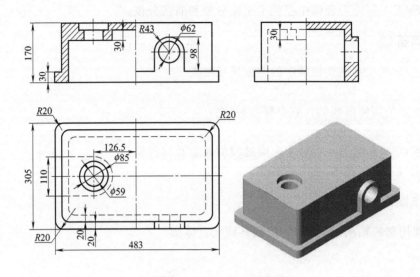

图 3　曲面模型尺寸图

4. 根据图 4 轴测图，绘制如图 5 所示轴承座的曲面造型图。

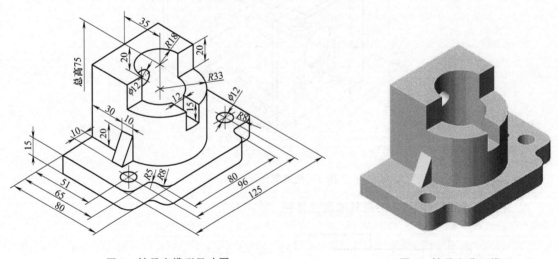

图 4　轴承座模型尺寸图　　　　　　　　图 5　轴承座曲面模型

综合训练三　实体造型

一、填空题

1. 使用（　　　）特征可生成薄壁特征。

2. 草图中曲线必须依赖于一个（　　　），开始一个新草图前也就必须选择一个（　　　）。

3. 可供选择的基准平面有两种：一种是（   ）；另一种是（   ）。

4. 平面镜像是曲线以平面上一直线为（   ），并关于对称轴进行复制。

5. 在进行线性陈列特征操作时，两个陈列方向（   ）。

二、选择题

1. 柔性制造系统的英文缩写为（   ）。

A. CAPP　　　　　B. ACPP　　　　　C. CIMS　　　　　D. FMS

2. 在 CAXA 制造工程师中系统自动创建的坐标系称为"世界坐标系"，而用户创建的坐标系称为"用户坐标系"，（   ）可以被删除。

A. 世界坐标系　　　B. 用户坐标系　　　C. 工作坐标系　　　D. 系统坐标系

3. 放样特征造型中，轮廓的拾取（   ）拾取轮廓草图。

A. 需依次　　　　　B. 可随意

4. 在进行半径过渡时，只能拾取（   ）

A. 边　　　　　　　B. 面

5. 只有当实体的棱边为（   ）时，才可进行倒角操作。

A. 曲线　　　　　　B. 直线

三、判断题

1. 在三轴联动控制中，可以按给定步长的方式控制加工误差。　　　　　　（   ）

2. 步长用来控制刀具步进方向上每两个刀位点之间的距离，系统按用户给定的步长计算刀具轨迹。　　　　　　　　　　　　　　　　　　　　　　　　　　　　　（   ）

3. 在切削被加工表面时，倘若刀具切到了不应该切的部分，则称作出现干涉现象，或者称为过切。　　　　　　　　　　　　　　　　　　　　　　　　　　　　（   ）

4. 模型是指系统存在的所有曲面和实体的总和（包括隐藏的曲面或实体）。　（   ）

四、简答题

1. 尺寸驱动的功能是什么？

2. 草图中的辅助线是否一定删除？

3. 如何解决草图环不闭合的问题？

五、作图题

1. 按照图1给定的尺寸，作轴承座的轴测剖视图。

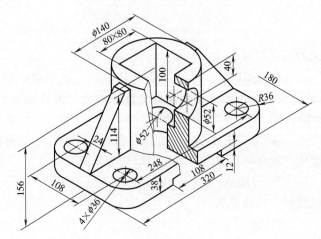

图1　轴承座零件尺寸图

2. 按照图2给定的尺寸进行螺母实体造型。在公式曲线中输入下面的公式：

$$x(t)=8*\cos(t) \quad y(t)=8*\sin(t) \quad z(t)=1.5*t/6.28$$

螺距为1.5，角度方式为弧度，参数的起始值为"0"，终止值为"62.8"。螺纹齿形的截面线为三角形，夹角为60°，三角形高 $H=0.866P$，螺纹深为 $7H/8$。

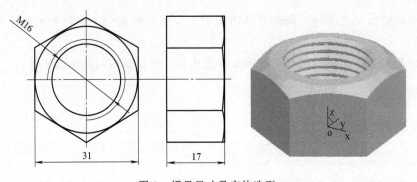

图2　螺母尺寸及实体造型

3. 按照图3给定的尺寸，生成如图4所示密封垫圈的实体造型。

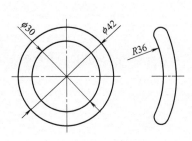

图3　密封垫圈尺寸图

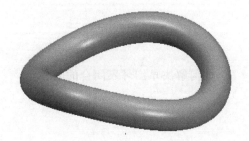

图4　密封垫圈实体造型

4. 按照图 5 给定的尺寸，利用放样特征功能生成实体造型。

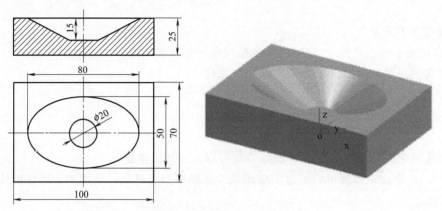

图 5   椭圆曲面零件尺寸图

综合训练四   数控加工仿真

一、填空题

1. CAXA 制造工程师提供了轨迹仿真手段以检验（   ）的正确性。

2. CAXA 制造工程师的"轨迹再生成"功能可实现（   ）轨迹编辑。用户只需要选中已有的数控加工轨迹，修改原定义的加工参数表，即可重新生成加工轨迹。

3. CAXA 制造工程师可自动按照加工的先后顺序产生（   ）。

4. 仿真加工就是利用 CAXA 制造工程师软件系统模拟实际生产中的每一道加工过程，将刀具加工时的运行轨迹显示出来，并对加工轨迹进行（   ）。

5. 加工仿真后加工完成的实体可通过（   ）与理论模型进行比较。

6. 刀具轨迹是系统按给定（   ）生成的对给定加工图形进行切削时刀具行进的路线。

7. 在切削被加工表面时，倘若刀具切到了不应该切的部分，则称作出现（   ）现象，或者称为（   ）。

8. 在 CAM 自动编程软件中，通过主轴（   ）和主轴（   ）来控制铣削用量。

9. CAXA 制造工程师提供了刀具库功能，刀具库包括（   ）刀库和（   ）刀库两种。

10. 在数控加工中，刀具的选择直接关系到（   ）的高低、（   ）的优劣和（   ）的高低。

二、选择题

1. M30 的含义（   ）。

A. 程序暂停   B. 主轴停转   C. 程序结束

2. 在切削仿真中，CAXA 制造工程师目前支持（   ）坯料。

A. 圆形   B. 方形   C. 圆形＋方形

3. 由外轮廓与内轮廓成的中间部分，称为（　　）。

A. 岛　　　　　　　　　B. 区域　　　　　　　　　C. 轮廓

4. 慢速下刀开始于（　　）。

A. 到达安全高度之前　　　B. 自安全高度至切削位置之间

5. 钻孔时所拾取的点位置必须在钻孔位置的（　　）。

A. 底部　　　　　　　　B. 所钻孔深度的中部　　　C. 顶部

三、判断题

1. 在生成刀具轨迹时，加工误差的值是可以大于加工余量的。　　　　　　　（　　）

2. CAXA 制造工程师可以通过实体图像动态模拟加工过程，展示加工零件的任意截面，显示加工轨迹。　　　　　　　　　　　　　　　　　　　　　　　　　　　　（　　）

3. 进退刀方式的选择不会影响接刀部分的表面质量。　　　　　　　　　　　（　　）

4. 轮廓是一系列首尾相接曲线的集合。　　　　　　　　　　　　　　　　　（　　）

5. 区域是指一个闭合轮廓围成的内部空间，其内部可以有"岛"。岛是由边界确定的，也是由闭合轮廓来界定的。　　　　　　　　　　　　　　　　　　　　　　　　　（　　）

四、简答题

1. 简述区域和岛屿的概念及在加工中的应用。

2. 简述 CAXA 制造工程师中参数化轨迹的编辑功能。

3. 简述等高线粗加工与参数线精加工的区别。

五、作图题

1. 按图 1 给定的尺寸，用曲面造型方法生成盒体凹模的三维图形，并生成等高线粗加工轨迹及导动线精加工轨迹。

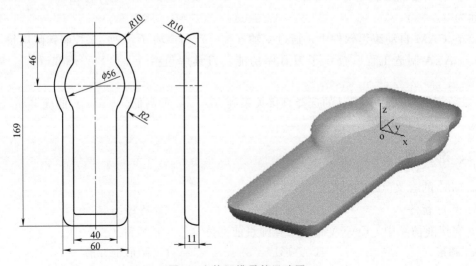

图 1　盒体凹模零件尺寸图

2. 按照图 2 给定的尺寸进行曲面混合造型，并选用合适的加工方法对沟槽曲面部分加工，生成加工轨迹。

3. 按照图 3 给定的尺寸进行实体造型，并选用合适的加工方法对球带状曲面部分加工，生成加工轨迹。

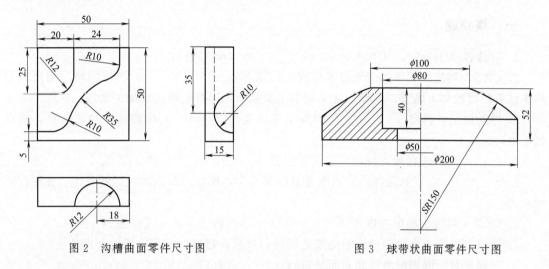

图 2 沟槽曲面零件尺寸图   图 3 球带状曲面零件尺寸图

4. 根据图 4 所示尺寸，完成支架零件的三维曲面或实体造型（建模）。

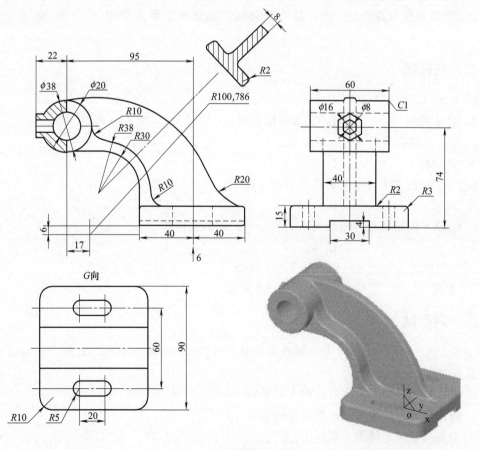

图 4 支架零件尺寸图

综合训练五　多轴加工与仿真

一、填空题

1. 刀具名"D10r3"，"D10"表示（　　　　），"r3"表示（　　　）。

2. CAXA制造工程师的"轨迹再生成"功能可实现（　　　　）轨迹编辑。用户只需选中已有的数控加工轨迹，修改原定义的加工参数表，即可重新生成加工轨迹。

3. 导动加工时利用（　　　　）维加工方法生成（　　　　）维曲面的加工轨迹，对圆弧的处理方式是（　　　　）。

4. CAXA制造工程师支持的刀具类型包括（　　　）、（　　　）和（　　　　　）。

5. （　　　　　　）就是在三维真实感显示状态下，模拟刀具运动、切削毛坯、去除材料的过程。

6. CAXA制造工程师提供了（　　　）可以将G代码读入后生成轨迹。

7. 尖角过渡用于在给定的两根曲线之间进行过渡，过渡后在两曲线的交点处呈（　　　）。

8. 平移是对拾取到的曲线相对原址进行（　　　）或（　　　）。

9. 等距线的生成方式有（　　　）和（　　　）两种。

10. 在各种曲面剪裁方式中，都可以通过切换立即菜单来采用（　　　）和（　　　）的方式。

二、选择题

1. 毛坯精度设定主要用于（　　　）。
A. 显示控制　　　　　　B. 元素属性查询　　　　　　C. 加工仿真

2. 条件允许的情况下，应尽量选择（　　　）的刀具，以提高加工效率。
A. 直径较大　　　　　　B. 直径较小　　　　　　C. 长度较长

3. CAXA制造工程师平面区域粗加工属于（　　　）轴加工。
A. 2　　　　　　　B. 2.5　　　　　　　C. 3　　　　　　　D. 4

4. CAXA制造工程师系统提供了（　　　）种钻孔模式。
A. 8　　　　　　　B. 12　　　　　　　C. 16

5. 当轮廓线为空间曲线时，系统将空间曲线（　　　）作为加工轮廓线。
A. 直接　　　　　　B. 投影到 *XY* 平面

三、判断题

1. 在CAXA制造工程师中，调节仿真加工的速度，可以随意放大、缩小、旋转以便于观察细节内容。　　　　　　　　　　　　　　　　　　　　　　　　　　（　　　）

2. 投影加工可用于曲率变化较大的场合。　　　　　　　　　　　　　　（　　　）

3. 曲面拼接工程中无须修改拓扑结构。　　　　　　　　　　　　　　　（　　　）

4. 参数线精加工属于2轴加工。　　　　　　　　　　　　　　　　　　（　　　）

5. 在轮廓加工中可按照实际需要确定加工刀次。　　　　　　　　　　　（　　　）

四、简答题

1. 安全高度为什么一定要高于零件的最大高度？

2. 在加工一个余量较大的零件时，定义"慢速下刀高度"应注意什么？

3. 简述刀具轨迹和刀位点的关系。

五、作图题

1. 按下列某香皂模型图尺寸造型并编制 CAM 加工程序，过渡半径为 15，如图 1 所示。

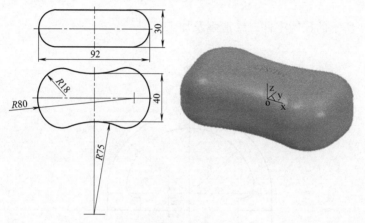

图 1　香皂模型图尺寸图

2. 完成图 2 所示的腔体零件二维造型及加工。

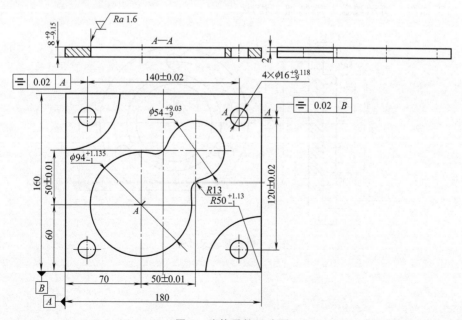

图 2　腔体零件尺寸图

3. 完成图 3 所示的模具零件二维造型及加工。

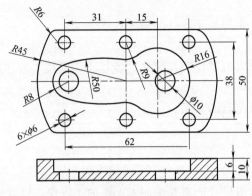

图 3　模具零件尺寸图

4. 完成图 4 所示的挂钩零件二维造型及加工。

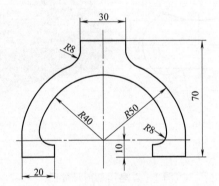

图 4　拉钩零件尺寸图

5. 加工如图 5 所示端盖，编制加工程序。

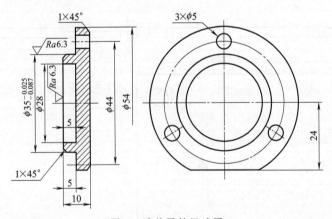

图 5　端盖零件尺寸图

思考与练习部分参考答案

项目一 构造线框模型

任务一 CAXA 制造工程师 2016 基本操作

一、填空题

1. 线架造型、曲面造型、实体造型　　2. 选择图素、确定点坐标、激活功能菜单
3. 旋转

二、判断题

1. √　　2. √　　3. ×

任务三 椭圆花形绘制

一、填空题

1. 绝对坐标、相对坐标　　2. 颜色、状态、可见性
3. F9 键、不改变

二、判断题

1. √　　2. √

任务四 五角星绘制

一、填空题

1. 快速裁剪、线裁剪、点裁剪、修剪、线裁剪、点裁剪
2. 裁剪恢复　　3. 边、中心

二、判断题

1. √　　2. ×　　3. √

任务五 弹簧螺旋曲线绘制

一、填空题

1. 硬件、软件、人才系统　　2. 集成化、智能化、网络化
3. 平移　　4. 边界
5. 两点线、平行线、角度线、切线/法线、角等分线、水平/铅垂线

二、判断题

1. ×　2. √　3. √

任务六　文字曲线包裹圆柱面图形绘制

一、填空题

1. 俯视图、右视图、后视图、仰视图
2. 数学、参数、形状复杂、精确型腔轨迹线型
3. 把多条曲线用一个样条曲线表示、光滑的　　4. F9、不改变

二、选择题

1. C　2. A　3. A

任务七　线框立体图绘制

一、填空题

1. 定位　　　　　　　　　　　　　　2. 上档键＋方向键、上档键＋右键
3. 一个或多个几何元素、修整、不需要

二、选择题

1. B　2. B　3. B

项目二　几 何 变 换

任务一　六角螺母的线框造型

一、填空题

1. 平移、平面旋转、旋转、平面镜像、镜像、阵列、缩放
2. 计算机辅助设计、计算机辅助制造　　　　3. 缩放

二、判断题

1. √　2. ×

任务二　花瓶平面图形绘制

一、填空题

1. 同一平面上、拷贝、平移　　　　　　2. 空间、拷贝份数
3. 右手螺旋法则

二、判断题

1. √　2. ×　3. √

项目三　曲 面 造 型

任务一　圆柱体曲面造型

一、填空题

1. 矢量工具菜单　　　　　　　　　　2. 一根直线两端点、匀速扫动

3. 右手螺旋、当前、零起点

二、判断题

1. × 2. √ 3. √

任务二 台灯罩曲面造型

一、填空题

1. 起始位置和扫描距离、指定方向、锥度、导动

2. 直纹面、旋转面、扫描面、边界面、放样面、网格面、导动面、等距面、平面、实体表面

3. 网格曲面、放样面、扫描面、导动面

二、判断题

1. √ 2. √ 3. ×

任务七 吊钩三维曲面造型

一、填空题

1. 投影线裁剪、等参数线裁剪、线裁剪、面裁剪、裁剪恢复

2. 不正确

3. 两面过渡、三面过渡、系列面过渡、曲线曲面过渡、参考线过渡

4. 曲线裁剪、曲线过渡、曲线打断、曲线组合、曲线拉伸、曲线优化、样条型值点、样条控制点、样条端点切矢

二、判断题

1. × 2. √ 3. √ 4. × 5. √

项目四 实 体 造 型

任务三 手柄实体造型

一、填空题

1. 二维平面图形、基础

2. 基准面、坐标平面、某个表面、构造出的平面

3. 延伸

4. 草图、实体、7

5. 距离、默认、增加、减去

二、选择题

1. C 2. B 3. A 4. A 5. C

项目五 数控铣削编程与仿真

任务一 长方体内型腔造型与加工

一、填空题

1. 基准点、大小、类型、防止设定好的毛坯数据被改变

2. 刀具参数、加工图形、加工参数、在轨迹树中重设参数

二、选择题

1. A 2. C 3. A 4. C

任务二　圆台曲面造型与加工

一、填空题

1. 直线、圆弧　　　　　2. 最大直径、平行、垂直

二、选择题

1. C 2. A 3. C

任务三　椭圆内壁造型与加工

一、填空题

1. 程序号、程序内容、程序结束　　2. 每齿、每分钟、每转

3. 刀具轨迹、实际加工模型

二、简答题

1. 答：首先，所选择的加工路线应该保证被加工零件达到要求的精度和表面粗糙度，而且具有较高的加工效率；其次所选择的加工路线在使用数值上应该尽量便于计算，这样有利于减少编程的工作量；最后，所选择的加工路线还应该尽量短，这样既可减少程序段的数量，又可减少空刀时间等情况，确定是一次走刀，还是多次走刀来完成加工，以及确定在铣削加工中是采用顺铣还是采用逆铣等。

2. 答：垂直：刀具沿垂直方向切入。螺旋：刀具以螺旋方式切入。倾斜：刀具以与切削方向相反的倾斜线方向切入。渐切：刀具沿加工切削轨迹切入。长度：切入轨迹段的长度，以切削开始位置的刀位点为参考点。节距：螺旋和倾斜切入时走刀的高度。角度：渐切和倾斜线走刀方向与 XOY 平面的夹角。

任务四　手机造型与加工

一、填空题

1. 三轴、多轴　　　2. 平面区域粗、区域式粗、等高线粗、参数线精、扫描线精

二、简答题

1. 答：二轴半加工：在二轴基础上增加了 Z 轴的移动。当机床坐标系的 X 轴和 Y 轴固定时，Z 轴可以上、下移动。利用二轴半可以实现分层加工，适于不同高度的平面加工。

三轴加工：在加工过程中，机床坐标系的 X、Y、Z 三轴联动。适于进行各种非平面的加工。

2. 答：当使用平面区域加工而需要加工的区域中没有岛的存在，系统提示拾取岛时，此时点击右键可跳过岛拾取。

项目实训

一、填空题

1. 中间文件　　　　　2. 建模

3. 世界坐标系、用户坐标系　　4. 长度延伸、比例延伸

5. 特征轨迹线　　　　　　　　　6. 封闭

7. 固结　　　　　　　　　　　　8. 集合

9. 参数　　　　　　　　　　　　10. 模型

二、选择题

1. D　2. D　3. C　4. C　5. C

三、判断题

1. √　2. √　3. √　4. ×　5. √

四、简答题

1. 答：CAXA 制造工程师可进行数控铣床和加工中心两种数控设备的自动编程，本质上没有区别，只是加工中心多了自动换刀装置，编程时要加上自动换刀的程序段。

2. 答：分模形式包括两种：草图分模和曲面分模。草图分模是通过所绘制的草图进行分模；曲面分模是指通过曲面进行分模，参与分模的曲面可以是多张边界相连的曲面。

3. 答：区域指由一个闭合轮廓围成的内部空间，其内部可以有"岛屿"。岛屿也是由闭合轮廓界定的。区域指外轮廓和岛屿之间的部分。由外轮廓和岛屿共同指定待加工的区域，外轮廓用来界定加工区域的外部边界，岛屿用来屏蔽其内部不需加工或需保护的部分。

项目六　　多轴加工与仿真

项目实训

一、填空题

1. 两点方式、三点方式、参照模型　　2. 根据指定的距离做拉伸操作

3. 厚度、方向　　　　　　　　　　　4. 实体内部

5. 切削　　　　　　　　　　　　　　6. 构造曲面的特征

7. 交线　　　　　　　　　　　　　　8. 单点、三点、两相交直线、圆或圆弧、曲线切法线

9. 裁剪　　　　　　　　　　　　　　10. 曲面、实体

二、选择题

1. B　2. C　3. D　4. C　5. B

三、判断题

1. √　2. ×　3. √　4. ×　5. √

四、简答题

1. 答：特征设计是零件设计模块的重要组成部分。CAXA 制造工程师的零件设计采用精确的特征实体造型技术，它完全抛弃了传统的体素合并和交并差的烦琐方式，将设计信息用特征术语来描述，使整个设计过程直观、简单、准确。

2. 答：平行导动：是指截面线沿导动线趋势始终平行它自身的移动而生成的特征实体。

固接导动：是指在导动过程中，截面线和导动线保持固接关系，即让截面线平面与导动线的切矢方向保持相对角度不变，而且截面线在自身相对坐标架中的位置关系保持不变，截面线沿导动线变化的趋势导动生成特征实体。

3. 答：非常适合模具型腔的粗加工及钻孔的粗加工。

综合训练

综合训练一　线架造型
一、填空题
1. 特征实体、特征
2. 三维零件形状
3. 计算机技术
4. 圆弧光滑过渡
5. 矩形阵列、圆形阵列
6. 图标
7. 图形
8. 工作坐标
9. 实体造型
10. 曲线过渡

二、选择题
1. A　2. C　3. B　4. C　5. B

三、判断题
1. ×　2. ×　3. √　4. ×　5. √

四、简答题
1. 答：CAXA 制造工程师是一个电脑辅助制造（CAM）的软件，可以建立模型、生成刀具的轨迹等，是一款针对数控铣床的 CAM 软件，可以针对市场上各种主流的数控系统生成 G 代码。

2. 答：有两种方法。一是按下 Enter 键，在弹出的对话框中输入内容，再次按下 Enter 键，完成点的输入；二是利用键盘直接输入点的坐标值，在弹出的对话框中输入内容，按下 Enter 键，完成点的输入。利用第二种方法省去了按下 Enter 键的操作，但当使用省略方式输入数据的第一位时，该方法无效。

3. 答：计算机辅助设计（Computer Aided Design，CAD）运用计算机软件制作并模拟实物设计，展现新开发商品的外形、结构、色彩、质感等特色。随着技术的不断发展，计算机辅助设计不仅仅适用于工业，还被广泛运用于平面印刷出版等诸多领域，它同时涉及软件和专用的硬件。

计算机辅助制造（Computer Aided Manufacturing，CAM）是工程师大量使用产品生命周期管理计算机软件的产品元件制造过程。计算机辅助设计中生成的元件三维模型用于生成驱动数字控制机床的计算机数控代码。这包括工程师选择工具的类型、加工过程以及加工路径。

计算机辅助工艺过程设计（Computer Aided Process Planning，CAPP）是一种将企业产品设计数据转换为产品制造数据的技术，通过这种计算机技术辅助工艺，设计人员完成从毛坯到成品的设计。CAPP 系统的应用将为企业数据信息的集成打下坚实的基础。

综合训练二　曲面造型
一、填空题
1. 起始角、终止角
2. 直纹面
3. 平动
4. 特征轨迹线
5. 封闭
6. 扫描、旋转
7. 实体表面、平面
8. 直线
9. 曲面拼接
10. 相同、半径过渡

二、选择题

1. C　2. B　3. A　4. C　5. C

三、判断题

1. √　2. √　3. ×　4. √　5. √

四、简答题

1. 答：两面拼接、三面拼接和四面拼接。

2. 答：导动面是让特征截面线沿着特征轨迹线的某一方向扫动生成曲面。有 6 种形式：平行导动、固接导动、导动线与平面、导动线与边界线、双导动线和管道导动。

3. 答：在给定的曲面之间以一定的方式作给定半径或半径规律的圆弧过渡面，以实现曲面之间的光滑过渡。曲面过渡就是用截面是圆弧的曲面将两张曲面光滑连接起来，过渡面不一定过原曲面的边界。

曲面过渡方式：两面过渡、三面过渡、系列面过渡、曲线曲面过渡、参考线过渡、曲面上线过渡和两线过渡。

综合训练三　实体造型

一、填空题

1. 抽壳

2. 基准平面、基准平面

3. 系统预置的基本坐标平面、已生成的实体表面（平面）

4. 对称轴

5. 都要选取

二、选择题

1. D　2. B　3. A　4. A　5. B

三、判断题

1. √　2. √　3. √　4. √

四、简答题

1. 答：尺寸驱动是在草图状态下，通过修改某一尺寸标注的数值，驱动相关图线的位置和尺寸发生改变，而图形的几何关系保持不变。

2. 答：草图要求图线形成封闭环，而草图中的辅助线是无法满足这个要求的，若将所有的辅助线都删除，即可以满足草图图线的闭合要求，但在编辑草图时会带来一些不必要的麻烦。

针对这种情况，CAXA 制造工程师提供了一种解决问题的方法，即在利用特征生成实体时，只使用那些没有被隐藏的图线作为草图轮廓线，而忽略草图中被隐藏的图线。所以，需要做的是，在草图绘制完成后，将辅助线隐藏起来，在编辑草图时，再将其显示出来。

3. 答：草图是用来生成特征实体的，它所描述的是特征实体造型的截面轮廓，通常情况下，草图图线应该是一个封闭的曲线环。

对于图线中出现的分叉和交叉，只要注意观察通常都可以找到出现问题的位置。观察的方法为：从草图轮廓的任意曲线开始向前搜索，如出现两曲线相交即为分叉，如在曲线的终点位置连接有多条曲线或在曲线的中间位置出现相贴的曲线则为分叉，此时，只需将图线中的多余部分裁剪或删除即可。

综合训练四　数控加工仿真

一、填空题

1. 刀具位置

2. 参数化

3. G 代码

4. 刀具轨迹编辑

5. 切削仿真结果的颜色区分

6. 工艺要求

7. 干涉、过切

8. 转速、进给速度

9. 系统、机床

10. 加工精度、加工表面质量、加工效率

二、选择题

1. C 2. B 3. A 4. B 5. C

三、判断题

1. × 2. × 3. × 4. ✓ 5. ×

四、简答题

1. 答：区域指由一个闭合轮廓围成的内部空间，其内部可以有"岛"。岛也是由闭合轮廓界定的。区域指外轮廓和岛之间的部分。由外轮廓和岛共同指定待加工的区域，外轮廓用来界定加工区域的外部边界，岛用来屏蔽其内部不需加工或需保护的部分。

2. 答：轨迹编辑是对已经生成的刀具轨迹中的刀位行或刀位点进行增加、删减等操作。其中有"轨迹裁剪""轨迹反向""插入刀位点""删除刀位点""两刀位点间抬刀""清除抬刀""轨迹打断""轨迹连接"功能。

3. 答：等高线粗加工生成分层等高式粗加工轨迹。该加工方式是较通用的粗加工方式，适用范围广；它可以高效地去除毛坯的大部余量，并可根据精加工要求留出余量，为精加工打下一个良好的基础；可指定加工区域，优化空切轨迹。

参数线精加工生成沿参数线加工轨迹。参数线精加工是生成单个或多个曲面的按曲面参数线行进的刀具轨迹。对于自由曲面，一般采用参数曲面方式来表达，因此按参数分别变化来生成加工刀位轨迹便利合适。

综合训练五　多轴加工与仿真

一、填空题

1. 刀具直径 10mm，刀角半径 3mm

2. 参数化

3. 二、三、直接调用 G02 或 G03

4. 球刀、端刀、R 刀

5. 轨迹仿真

6. 校核 G 代码

7. 尖角

8. 移动、拷贝

9. 等距、变距

10. 裁剪、分裂

二、选择题

1. C 2. A 3. B 4. B 5. B

三、判断题

1. ✓ 2. ✓ 3. ✓ 4. × 5. ✓

四、简答题

1. 答：在铣削加工时，定义安全高度应高于零件的最大高度，主要原因在于防止刀具在安全高度快速移动而不会与毛坯或模型发生干涉和碰撞。

2. 答：应注意定义慢速下刀高度应大于需切除余量的高度，防止刀具在快速下刀时撞击到工件。

3. 答：刀具轨迹（Tool Path）即切削刀具上规定点所走过的轨迹。此规定点通常为刀具加工中在空间的位置点。

刀位点是指刀具的定位基准点。圆柱铣刀的刀位点是刀具中心线与刀具底面的交点；球头铣刀的刀位点是球头的球心点；车刀的刀位点是刀尖或刀尖圆弧中心；钻头的刀位点是钻头顶点。

参 考 文 献

[1]　郑书华. 数控铣削编程与操作训练. 北京：高等教育出版社，2005.

[2]　胡建生，赵春江. CAXA 三维电子图板实用案例教程. 北京：机械工业出版社，2002.

[3]　李超. CAD/CAM 实训——CAXA 软件应用. 北京：高等教育出版社，2003.

[4]　陈明. CAXA 制造工程师——数控加工. 北京：北京航空航天大学出版社，2006.

[5]　杨伟群. CAXA——CAM 与 NC 加工应用实例. 北京：高等教育出版社，2004.

[6]　赵国增. 机械 CAD/CAM. 北京：机械工业出版社，2005.

[7]　赵国增. 机械 CAD/CAM. 北京：机械工业出版社，2002.

[8]　孟富森，蒋忠理. 数控技术与 CAM 应用. 重庆：重庆大学出版社，2003.

[9]　方新. 机械 CAD/CAM. 北京：高等教育出版社，2003.

[10]　华茂发. 数控机床加工工艺. 北京：机械工业出版社，2000.

[11]　史翠兰. CAD/CAM 技术及其应用. 北京：机械工业出版社，2003.

[12]　张云杰. CAXA 制造工程师 2015 技能课训. 北京：电子工业出版社，2016.

[13]　孙万龙. CAXA 项目教程——制造工程师 2008. 北京：人民邮电出版社，2009.

[14]　北航 CAXA 教育培训中心组. CAXA 数控加工造型编程. 北京：北京航空航天大学出版社，2002.

[15]　姬彦巧. CAXA 制造工程师 2015 与数控车. 北京：化学工业出版社，2017.